U0155571

# 维扬明式家具

## 续　编

张金华 编著

故宫出版社

# 目　录


前言 / 张金华 ........ 5

图版目录 ........ 11

图版 ........ 13

　　凳类 ........ 14

　　椅类 ........ 34

　　桌案几类 ........ 110

　　柜架类 ........ 180

　　床榻类 ........ 194

　　杂件类 ........ 236

图版索引 ........ 299

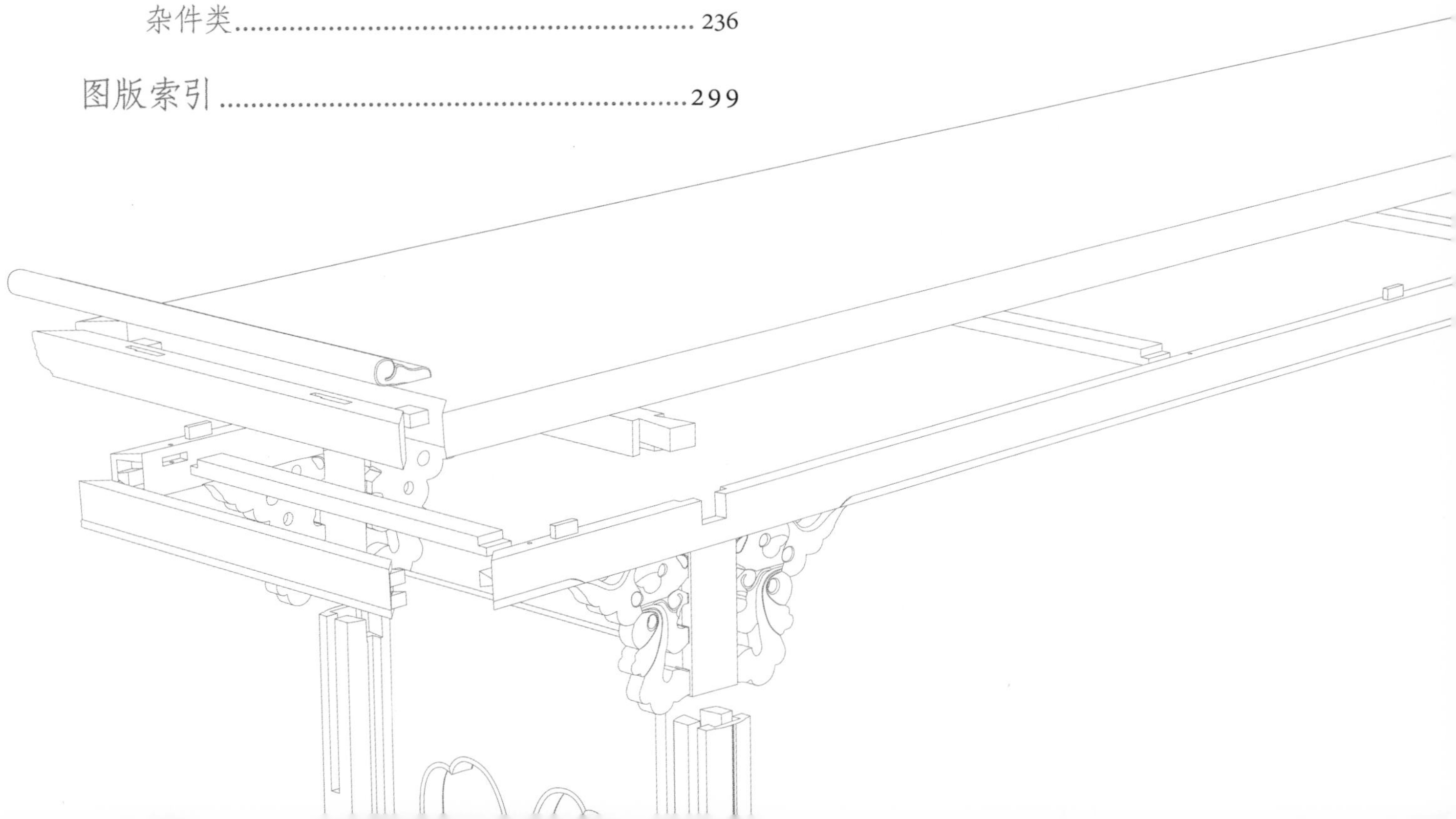

# 前言

张金华

拙作《维扬明式家具》于2016年出版，书中根据多年资料的收集、整理和研究，初析维扬明式家具的风格及特点，并提出相应的概念。此说在业界引起了一定的关注和讨论，维扬家具也受到了更多的关注。当年研究的客观条件毕竟有限，在史料和实例的整理收集方面仍存在不足，让我有意犹未尽之感。随着调研工作的进一步深入，诸位同道不断提供新的信息，近几年又陆续获悉一些精彩史料和实物，有的实物甚至罕见，大大填补了认知空白，令人惊喜，也加深和拓展了我对维扬明式家具这一主题的认识，于是萌生了编写续编的想法，唯此才能更立体地呈现我们对维扬明式家具的观察。恰好故宫出版社有再版《维扬明式家具》之意，借此美意对拙著再作修改，增补新册，以期完善，也不失为分享心得的一次机缘。对维扬明式家具这一概念的主要阐述，参见该书，不再赘述，不过仍有一些补充意见需要做以下说明。

关于明清家具制作，近代较早提及扬州工匠的，据我所知为中国家具研究先驱杨耀先生。1948年出版的《北京大学五十周年纪念论文集》中，收入他所撰写的《我国民间的家具艺术》，指出"凡明代优良的家具，多属'苏作'……再以工匠的产地来讲，'苏作'的多为扬州匠人"。杨耀先生虽未全面展开论述，但此结论的形成，应该基于当时的民间调研。从另一角度分析，我国的传统木工技艺，大多通过师徒相承、口传心授而来，出于行业竞争的现实，基本处于秘而不宣的保守状态，木工劳动力的输送，往往从较为贫困的地区流向较为发达的城市，这种实际状态也颇能印证杨耀先生的推测。优秀的明式家具，样式一般可延续数百年无显著变化，它们大多为无名工匠创造，其规制和技艺，恒定地反映了地区性的集体文化意识，从属于特定的区域传统和年代风貌。

以杨耀先生为代表的观点，影影绰绰地提示了中国古典家具地域类型研究的一个方向，虽然部分古家具学者也有同感，但相关的系统性整理和研究却寥若晨星，目前笔者仅见2000年初台湾洪光明先生发表的《柞榛木家具——中国非主流木材的研究》，文中探讨柞榛木家具形成的多种原因，总结其风格在很大程度上依附于明早期苏州风格，尽管还尝试一些个性化的改变，但变化甚微，故把其归类到流行于苏北的子域风格。该观点虽有偏颇，但毕竟触碰到了无法回避的原生态问题，作为苏北地域风格的初步探讨，仍具有一定的意义。

柞榛木即柘木。柘木材质坚韧，为制器良材。柘木最早记载于《诗经》“大雅·皇矣”：“攘之剔之，其檿其柘。”《考工记》“弓人”载：“凡取干之道七：柘为上，檍次之，檿桑次之，橘次之，木瓜次之，荆次之，竹为下。”认为柘木为弓箭干材的最佳材料。汉刘向《说苑》“权谋”：“日之役者，有执柘杵而上视者，意其是邪。”柘木可做柘杵。北魏贾思勰《齐民要术》“种桑柘”：“欲作鞍桥者，生枝长三尺许，以绳系旁枝，木橛钉着地中，令曲如桥。十年之后，便是浑成柘桥。”柘木可制天然鞍桥。南朝梁何逊《拟轻薄篇》：“柘弹隋珠丸，白马黄金饰。”以柘木做弹弓。

柘木作为家具用材，文献中始见于唐段成式《酉阳杂俎续集》卷三“支诺皋下”：“又王相内斋有禅床，柘材丝绳，工极精巧。”可见唐代就有柘木家具的生产和使用。

柘木木蕊为黄色，可提取赤黄色染料，故苏北地区亦有“柘黄”之称，近隋唐以来帝王服色。唐王建《宫词》有“开着五门遥北望，柘黄新帕御床高”句。明李时珍《本草纲目》“木三·柘”也提到“其木染黄赤色，谓之柘黄，天子所服”。不过作为家具用材，有的柘木颜色过艳，令人生厌，于是明人张岱在《夜航船》“物理部·器用”中介绍柘木变乌之法：“柘木以酒醋调矿灰涂之，一宿则作间道乌木。”矿灰为煅烧过的石灰石，即生石灰，经水溶解后成为消石灰，也称熟石灰，此法证实明人早已掌握为柞榛木快速作色的技术，不必通过长期自然氧化的单一方式取得。

据侯思孟先生《关于中国座椅起源》，《入唐求法巡礼行记》记日本学僧圆仁于唐开成三年（838年）来唐求法，提到曾三度在扬州和海州（今连云港）见人坐椅之事。此可补证当时扬州地区已有椅具生产和使用的事实。

出土资料方面，扬州宋邵府夫人王氏像石刻椅、盐城宋椅，均可视其为维扬地区靠背椅的早期形态，其座面采用两格角榫的结构，此制式也延续到苏北明式硬木椅具中。淮安宋代一号墓壁画中所绘台座式高桌、插肩榫式平头案、衣架、靠背椅等，则为后期同类造型家具溯源提供了依据。

史料中少见具体木工匠人的记载，但也不是无案可稽。明沈德符《万历野获编》"工匠见知"载扬州木工徐杲，在嘉靖三十六年（1557年）四月因主持奉天等三殿及奉天门营建修缮有功，被明世宗赏识而直接提升为工部尚书，此或许是明代工匠以技术取得的最高职位。至于两淮盐政向朝廷进贡维扬家具一项，张志辉《清代宫廷中的维扬家具初讨》中有专门论述，内容较为翔实。

比文献史料更为重要的是实物证据的新发现。自《维扬明式家具》出版以来，举一反三的案例不胜枚举，经过反复筛选，优中取精，此册增补了84例，分六类：凳类、椅类、桌案几类、柜架类、床榻类、杂件类。此六类材质仍以柞榛木、柞桑木这些具地区特质的材质为切入点，继而展开对维扬明式家具类型的探讨。为丰富体系内容，本册增补了部分发现自苏北地区的髹饰家具、天然木家具等品种，供读者参考。

新发现的一些罕见实例，有助于我们对家具称谓的再认识。如江苏省南通市海门包场镇发现一件黄花梨大床，总长近800厘米，宽239厘米，地平之上四周设多根立柱，上承架顶，顶下周匝有挂檐，下部四面设围栏，地平上承放长、宽尺寸相近的榻和架子床各一件，床前各有廊庑，两床之间有廊道，宛如一间小屋，为海内外孤例。

"拔步床"另写作"跋步床"或"八步床"，其名称明清典籍多见，如文震亨《长物志》卷一"室庐·海论"："斋必三楹，傍更作一室，可置卧榻……如今拔步床式。"明王玉峰《焚香记》中有"嵌八宝螺蛳结顶黑漆装金细花螺甸象牙大拔步床"，明代《金瓶梅》也出现"拔步床""八步床"。清初南岳道人《蝴蝶媒》第十四回中有"水磨花梨大八步床"。称谓不一，但同为居室卧具。近现代学者将明版《鲁班经匠家镜》中的"大床"与"凉床"释为"拔步床"。"大床"与"凉床"在书中有插图，与江、浙、皖地区民间俗称为“踏步床”或“踏板床”的大型带踏脚架子床样式基本一致。明郎瑛《七修类稿》：“踏步床，谓床前接碧纱厨者。踏，踏脚；步，步幛也。”碧纱厨古代也称为“廊庑”，指前廊或围廊，其下设踏板，上有顶盖、罩檐，四周设格扇板或栏杆。《通俗常言书证》引《荆钗记》言：“今乡村人云拔步床，城市人仅云踏步床，非也。”又认为拔步床（八步床）与踏步床（踏板床）为两种不同类型的床。

至于“拔步（或八步）”如何理解，近现代学者大多认同“拔步”为抬腿一步之义。“拔步”在古代常见含义为迈步，多指快速举步，《水浒传》第四十九回：“见庄上都有准备，两人便拔步出门。”古之所谓“步”，通常也作为长度距离的一个单位，一足为跬，迈出两足才为步，实为现代的两步。唐代之后，一步又以五尺计量。明清时期木工一尺为现在的31厘米，也就是说一步为155厘米。因此，抬腿一步之说未免含混。近代学者姚灵犀《瓶外卮言》“金瓶小札”中推测：“拔步床疑即八铺床，言床之大可容八铺八盖之褥被，以南京描金彩漆最佳。或言八步床，谓其长八步。”清康熙《张竹坡批第一奇书金瓶梅》第十三回版画中绘有带碧纱厨拔步床半段，最为接近其说，因一时无实证对照，世皆存疑。前述海门黄花梨大床底部有八块踏脚组成，或可解释为“八步”的另一种定义，是一种真正意义上的拔步床（八步床）。

古代的八步换算约合1240厘米，南通海门拔步床长约800厘米。据清早期《天水冰山录》中记载，明嘉靖时严嵩被抄家抄出的床中有螺钿彩漆大八步床五十二张、彩漆漆雕八步中床一百五十四张。可知拔步床（八步床）有大、中之别，故此床或为拔步中床。以此为例，目前有关各种家具的不同称谓，应在实例或文献的不断发现中重新厘清，正本清源。

众所周知，作为文化遗产的一个整体，传统家具和建筑在历史发展中唇齿相依。在同一地区、同一时代，家具不仅随建筑形式而变化，而且在造型上也借鉴或移植了建筑中的一些元素。反之，从传统建筑的构造中，也可间接反映出不同地域家具的特征和气质。因此，家具与建筑之间的相互影响，始终是个有趣的话题。苏南地区的传统建筑较为纤秀，苏北地区的相对轩敞，园林学者陈从周先生用“巧糯”来概括苏南风格，用“健雅”来概括苏北风格，是比较准确的品评。甚至有学者认为，苏南、苏北营造风格的差别，直接原因是历史上注重吉谶，强调阴阳数理意识的不同，两地匠师所用的传统木尺有长短之别，故建筑各有风貌。

两地家具风格亦然，如椅具座面的比例，苏南地区多为长方形，苏北地区则接近正方形，这一问题还可进一步系统研究。如建筑中的梁柱，苏北地区通常将梁端截出箍头榫，插入柱端开设的槽口内，而苏南地区则在柱端做直榫，插入梁端的榫眼内，这种特征也直接影响家具做法，比如两地所制架子床的床柱与床顶仰尘框架间不同的结合形式。再如苏北园林建筑中槛窗下的板壁，通常多罩有一层花格栏杆，冬天装上板壁保温，夏日可取下板壁以便空气流动；苏南地区则采用单层板壁。此种形式也影响了两地所产架子床及踏步床床围的做法，形成较为鲜明的地区差异。通过不同区域营造特点的探究，也使我们从这些差异中了解民风、习俗、地理环境以及文化传统层面的规律。

需要强调的是，维扬家具生产情况和遗存的揭示，固然打破了长期以来“苏作”是苏州地区生产制造的一统结论，但并不是取而代之的关系，而是对原有系统的进一步细化，是恢复历史原貌、尊重文化原态的态度。在晚明以来三百多年间，“苏州系”与“维扬系”两者既有竞争，又有交融，客观营造出家具史上的江左风流，治家具史者不可不辨，我等还应大胆假设，小心求证，加强和丰富维扬明式家具等地域流派的研究。笔者所做工作仅为一个开端，在自己力所能及范围内做了一些资料的收集与分析，以供更多人的研究，欢迎大家的更正、补充。

# 图版目录

----- 凳　类 -----

1 黄花梨有束腰十字罗锅枨四足圆凳 ......16
2 榉木有束腰旋涡枨五足圆凳 ......20
3 柞榛木有束腰三弯腿六方凳 ......22
4 柞榛木无束腰直枨方凳 ......26
5 黄花梨四面平罗锅枨马蹄足长方凳 ......28
6 柞榛木小交机 ......32

----- 椅　类 -----

7 黄花梨灯挂椅 ......36
8 柞榛木灯挂椅 ......42
9 柞榛木灯挂椅 ......44
10 柞榛木灯挂椅 ......46
11 黄花梨灯挂椅 ......48
12 硬木方材玫瑰椅 ......52
13 黄花梨玫瑰椅 ......56
14 柞榛木不出头圈椅（一对） ......60
15 黄花梨不出头圈椅 ......64
16 黄花梨南官帽（一对） ......68
17 柞榛木南官帽椅 ......72
18 黄花梨八棱材南官帽椅（残） ......76
19 柞榛木南官帽椅 ......80
20 柞榛木四出头官帽椅（一对） ......82
21 黄花梨攒靠背四出头官帽椅（一对） ......88
22 柞榛木一统碑式小交椅 ......94
23 黄花梨活靠背躺椅 ......96
24 柞榛木活靠背躺椅 ......104

----- 桌案几类 -----

25 黄花梨无束腰方桌 ......112
26 黄花梨无束腰裹腿枨方桌 ......116
27 黄花梨有束腰展腿式折叠方桌 ......118
28 黄花梨无束腰罗锅枨翘头桌 ......124
29 柏木无束腰马蹄足霸王枨条桌 ......126
30 黄花梨镶楠木瘿有束腰带托泥长方香桌 ......128
31 黄花梨镶楠木瘿夹头榫平头案 ......132
32 黄花梨夹头榫平头案 ......138
33 黄花梨夹头榫平头案 ......140
34 黄花梨夹头榫带抽屉平头案 ......144
35 黄花梨独板面夹头榫翘头案 ......148
36 榉木独板面夹头榫翘头案 ......152
37 黄花梨独板面夹头榫带托泥翘头案 ......156
38 榉木独板面夹头榫带托泥翘头案 ......162
39 榉木插肩榫平头案 ......168
40 榉木独板面插肩榫翘头案 ......170
41 天然木矮几 ......176
42 天然木黑漆撒螺钿面矮几 ......178

----- 柜架类 -----

43 柞榛木三层架格 ......182
44 黄杨木三层架格 ......184
45 黄花梨镶楠木三抹门圆角柜 ......186
46 榉木透格门圆角柜 ......190

----- 床榻类 -----

47 黄花梨高束腰马蹄足榻 ......196
48 黄花梨独板围子有束腰罗汉床 ......200
49 黄花梨镶大理石有束腰五屏罗汉床 ......208
50 榉木镶楠木瘿四柱架子床 ......214
51 黄花梨六柱架子床 ......218
52 柏木六柱架子床床座 ......226
53 黄花梨六柱架子床 ......230

----- 杂件类 -----

54 黄花梨镶石座屏 ......238
55 黑漆镶石座屏 ......240
56 黑漆镶石座屏 ......242
57 黄花梨、柞榛木带提梁文具箱 ......246
58 黄花梨盝顶官皮箱 ......248
59 柞榛木马蹄足带滚轴脚踏 ......250
60 榉木夹头榫板足小翘头案 ......252
61 黄花梨夹头榫小翘头案 ......256
62 黄花梨夹头榫小翘头案 ......258
63 黑漆台座式小几 ......260
64 黄杨木镶紫檀台座式小几 ......262
65 卢映之款黑漆台座式小几 ......264
66 王国琛款黑漆台座式小几 ......266
67 卢葵生款黑漆六方形高束腰小几 ......268
68 卢葵生款黑漆菱花形高束腰小几 ......272
69 柞榛木有束腰带托泥小方几 ......276
70 柞榛木小卷几 ......278
71 黄花梨仿天然木小几 ......280
72 黄花梨花盆架 ......282
73 黄花梨六方形瓶座 ......284
74 黄花梨折叠式帖架 ......286
75 柞榛木折叠式帽架 ......288
76 黄花梨笔筒 ......289
77 柞桑木海棠式笔筒 ......290
78 柞桑木椭圆香盘 ......291
79 柞榛木箸瓶 ......292
80 柞榛木净瓶式箸瓶 ......293
81 柞榛木圆香盒 ......294
82 黄花梨圆香盒 ......295
83 柞榛木圆盖盒 ......296
84 黄花梨镶石围棋盒（一对） ......297

# 图 版

# 凳 类

# 1. 黄花梨有束腰十字罗锅枨四足圆凳

面径 35 厘米
最大径 40 厘米
高 46 厘米

凳面有方、长方、圆、椭圆、海棠、梅花、扇面、六方等形。圆凳是明式家具中遗存较少的品类，原因有二：第一，挪移频繁，易损，结构上不及方凳、圆墩经久耐用。第二，费工费料，多被方凳取代。圆凳一般都带束腰，腿足有三足、四足、五足或更多者，其中以四足、五足居多。通常采用插肩榫结构，足下分有托泥和无托泥两种。圆凳的造型源于唐代流行的月样杌子，如传唐张萱《捣练图》中所绘者，杌面为腰圆形，牙板为壶门式，腿足呈“L”形板片，状似挖缺的做法。在传唐周昉的《挥扇仕女图》中，月样杌子的形象描绘得更具体，腿足出现了弯曲弧线，足端似有早期马蹄足的踪影。经过长期演变，箱板式家具渐被框架式家具取代。至明清时期，圆凳腿足多呈曲线形，以鼓腿膨牙、三弯翻球式为多见。因挪移方便，圆凳陈设庭园、书斋皆可，明清绘画中多有例证，如明谢环《香山九老图》、清初佚名《清宫珍宝皕美图》中便见有多具。

此凳四足，全身光素，线条流畅，为不带托泥的圆凳。座面采用厚板，中部微凹，沿外轮廓外翻唇口，冰盘沿上凸下凹，底端起边线。束腰打洼，下承洼膛肚牙板。腿足上端用插肩榫与牙板相接，下端内翻马蹄，侧脚显著。牙板与腿足沿外轮廓起边线。四腿足之间偏上处用十字枨加固。十字枨为罗锅式，两材相交处上下各切去一半，合起来成为一根的厚度，有巧思而制作严谨。

与此成对的另一件，2000年前后由河北行家收购于苏北泰兴地区，现由香港攻玉山房收藏。

陈增弼先生旧藏。

（传）唐　张萱《捣练图》局部
美国波士顿美术馆藏

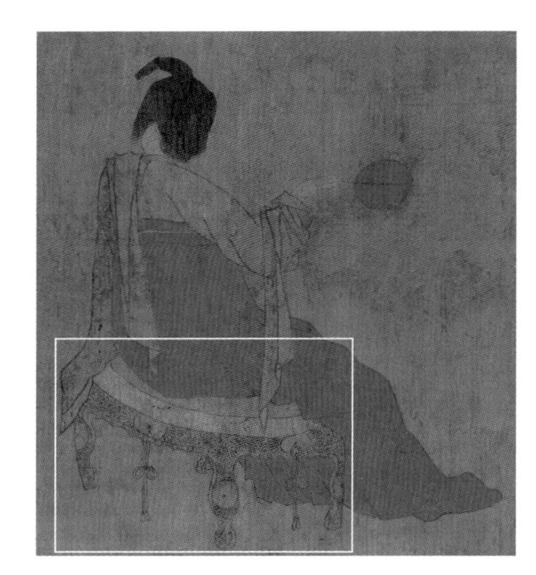

（传）唐　周昉《挥扇仕女图》局部
故宫博物院藏

明　谢环《香山九老图》局部
美国克利夫兰艺术博物馆藏

清　佚名《清宫珍宝皕美图》册页局部

## 2. 榉木有束腰旋涡枨五足圆凳

面径 33.5 厘米
最大径 38 厘米
高 45 厘米

此凳形制与前例相仿，唯腿足为五足，故腿间采用苏北地区常见的旋涡枨，其两头出榫，并在侧面凿眼，相互搭交，把五根腿足紧密地拉结在一起。这种做法也常见于五足矮面盆架、火盆架、花架等。

此种有束腰、无托泥的圆凳，面板通常为厚料独板。这是因为如果采用攒框的做法，边框须用四段或五段大边攒接，因是弯材，实际取材更多，而且费工费时，远不及厚面板来得简易、结实。所以凡是造型相对复杂、尺寸不大的坐具或承具，其面板采用独板是一种科学合理的做法。

另需说明的是，此凳面冰盘沿底端的阳线，实际为与凳面分体做成，类似垛边的做法。究其原因，是凳面厚度不够或节省材料造成的。

陈增弼先生旧藏。

## 3. 柞榛木有束腰三弯腿六方凳

面径 43 厘米
最大径 50 厘米
高 49 厘米

凳面采用六段扁方材攒接而成。因软屉座面不大，底部省去弯带。冰盘沿混面起边线。束腰平直。洼膛肚牙板膨出，上部减地铲出一道窄条，形成托腮的效果。

牙板与三弯腿足上部用插肩榫柔婉相接。腿足沿中部起剑脊棱，峭拔劲挺。足端雕卷叶抱球，底部削出银锭式垫足。

为了加强六足之间的连接，腿足内侧居中的位置用三根交叉的直枨相接，中间的一根在交接处上下各斜剔去高度的三分之一，上枨中部的下方和下枨中部的上方各斜剔去材高的三分之二，拍拢后合成一根枨的厚度。三根枨交搭处一小段的断面为方形，其他处断面为椭圆形，不仅使交接处更加坚实，还兼顾线脚的变化。此种三枨交叉的结构其实是从十字枨结构发展而来的。

2015年左右，此凳由苏州同道孟君在南通购得，知吾酷爱柞榛木家具，慨然转让，深感浓情。

笔者藏。

## 4. 柞榛木无束腰直枨方凳

长 56 厘米
宽 56 厘米
高 47 厘米

在无束腰杌凳中，圆材、直足、直枨是基本形式，其结构吸取了大木作建筑梁架的做法，特征是侧脚显著，给人厚拙稳定之感。

此凳边抹起冰盘沿，叠涩式，层层收进，仰视如台阶。边抹内侧踩口打眼织软席，底部采用倒棱的十字交叉弯带，均匀支撑边框，防止棕藤穿拉带来的扭曲变形。

腿足上端开槽嵌装牙头。牙板光素，背部采用苏北地区惯用的揣揣榫结构。四面直枨断面做成椭圆形，在同一高度与腿足结合，内外飘肩并以木销钉加固，无散架之虞。

此凳质朴无文，淳厚耐看，尤其牙板与牙头的外轮廓弧线优美，可视为苏北地区家具的典范之作。

上海私人藏。

## 5. 黄花梨四面平罗锅枨马蹄足长方凳

| | | |
|---|---|---|
| 长 | 71 | 厘米 |
| 宽 | 59.5 | 厘米 |
| 高 | 48 | 厘米 |

凳尺寸硕大，四面平式，边抹和四足用粽角榫连接，方材而边缘倒棱，不设一线，用料肥厚，外健内秀。

其特殊之处在于边抹不惜用材，和牙条一木连做，挖出洼膛肚，此种做法与王世襄《明式家具研究》中所录紫檀四面平罗锅枨马蹄足方凳（椅凳类甲30）有异曲同工之妙。

腿足上方的罗锅枨做法奇特，呈鱼尾式齐肩膀与腿足相交，既富有变化，又过渡自然。鱼尾式衔接，在苏北四面平家具中还有另一种做法，即在方材腿足相接罗锅枨的部位凸出一块鱼尾式断面，再衔接罗锅枨。腿足下方挖马蹄，兜转如钩，孔武有力。

此凳的造型颇具广作、闽作风格，很有可能受到迁徙文化的影响，造成异地风格的趋同性。但广作、闽作多使用硬屉，软屉是江浙地区的主要做法。

2005年前后出自扬州地区。

北京私人藏。

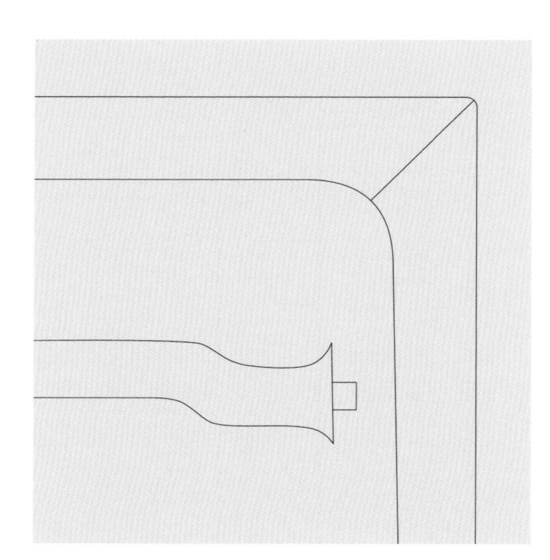

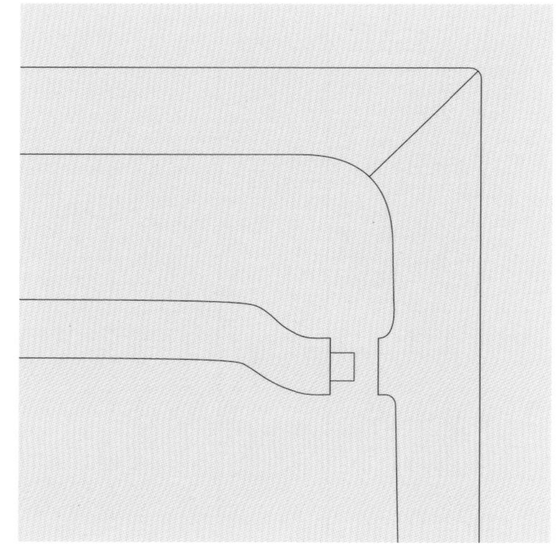

罗锅枨与腿足鱼尾式衔接的两种变化（上为本例，下为他例）

## 6. 柞榛木小交杌

长　32.5 厘米
宽　28 厘米
高　28.5 厘米

交杌即古之胡床，北方俗称“马扎”，汉代由西域传入我国，《后汉书》“五行志”中就有汉灵帝好胡服、胡帐、胡床、胡坐的记载。胡床至南北朝已流行，至唐已广泛使用。由于交杌具有可以折叠，便于存放、携带的特点，千百年来一直受人喜爱，沿用至今。

此交杌造型简洁可爱，皮壳莹润自然。上下共用扁方横材四段，杌面大边倒圆呈“◜”形，内踩边打眼织软屉，下部开出一道槽沟，透眼打在槽内，编绳的交缠点掩藏其中。杌足四根，两面倒棱，但穿铆轴钉处的断面为长方形，目的是为增加相交点的牢固性。

此交杌系近年海外回流之物。

上海私人藏。

# 椅　类

## 7. 黄花梨灯挂椅

座长 53.5 厘米
座宽 43 厘米
高 103.5 厘米

灯挂椅是椅类中最简单的造型之一，晚唐五代已有，传五代顾闳中《韩熙载夜宴图》中所见已甚为成熟。从国内考古发掘的实物资料看，灯挂椅在宋、辽、金时期是比较常见的一类椅具，且构件大多使用方材，如江苏武进和江阴地区出土的两具宋椅模型。明清之际，灯挂椅的造型已十分成熟，且大多使用圆材，结构和舒适度也大有改进。

此椅弯搭脑，两端呈鳝鱼头式向后挑起，中部削出斜坡，向下顺延少许，以便连接靠背板上部的“凸”形榫舌。靠背板呈“S”形，弧度柔和自然，两侧沿倒斜面，底端出榫，呈“冂”形，比常见做法更为牢靠。

座面冰盘沿，混面下设碗口线。靠背立柱与腿足用圆材一木连做，与后腿足安装时不采用常规的套足做法，而是腿足在椅盘交接处削为一段方颈，边抹对应位置也开方孔，互相卡拢，使两构件连接更加紧密牢固，可称为“卡口式”。此种结构在拆卸时必须先将椅盘边抹打开，才能使边抹和腿足分开。

(传) 五代　顾闳中《韩熙载夜宴图》局部
故宫博物院藏

前腿足外圆内方，后腿足用圆材，紧贴椅盘下方一段留出棱角，起到支承椅盘的作用。四根管脚枨除脚踏外，上圆下平。前后枨等高，两侧枨高出一截，目的是避免纵横的榫眼开凿在同一高度，以致影响坚实。

椅盘之下，正面用券口牙板，样式罕见，转角处为大圆弧，并沿内轮廓起一道打洼皮条线，下方与脚踏接触的一段向内甩出斜尖，似从台座式家具壸门券口上斜出的局脚衍变而来。这种做法不仅加大了券口底部与脚踏的连接，也使得椅盘下造型别开生面，古趣盎然。

此椅还有两处做法甚为特殊：第一，管脚枨与腿足连接处采用勾挂垫榫的做法，不必施竹销或木销加固。其做法为在枨的两端做出半个银锭形榫，插入内大外小的腿足榫眼后，向上推，下面空档部再用木楔垫塞，枨子的两端被牢牢地锁住，无脱散之虞。第二，为加强靠背板与椅盘的连接，在椅盘内踩边的折沿处，施用暗销固定靠背板的榫头，不易发现。这些匠心独运的处理方法，也正是此椅完整保存至今的关键。

该椅2000年前后出自苏北南通地区，2006年前后流出海外，苏州同道孟君视为铭心美器，不惜倾囊以求，以高价索回。

苏州私人藏。

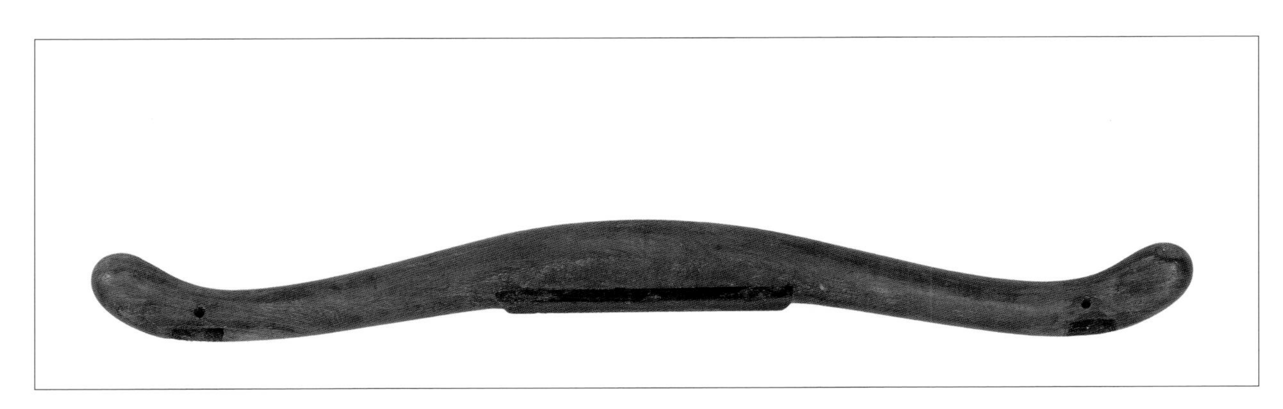

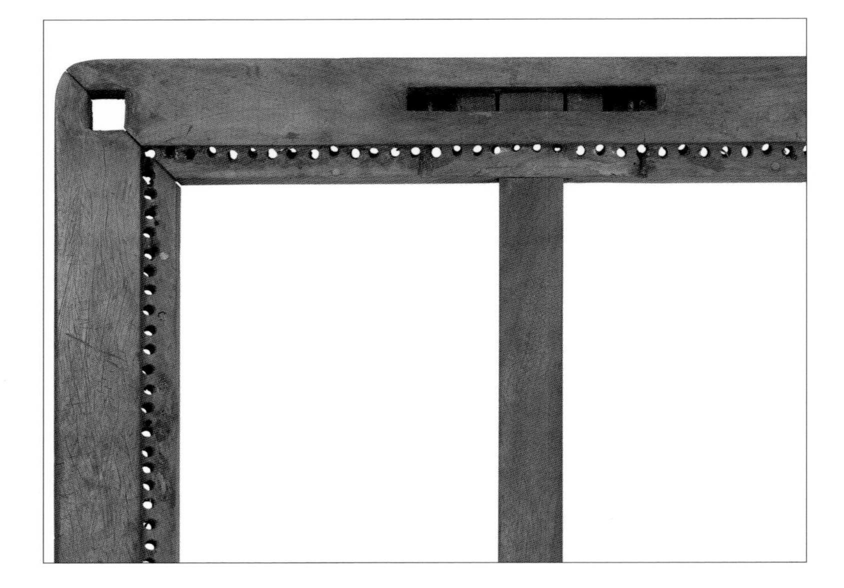

# 8. 柞榛木灯挂椅

座长 46 厘米
座宽 44 厘米
高 94 厘米

此例为苏北地区灯挂椅的基本形制，整体造型质朴凝练，光素无饰，予人一种玉树临风的感觉，丝毫不逊同款黄花梨制品。

弯搭脑如弓状，两端呈鳝鱼头向后翘起，中部削出斜坡，下端开槽，以备与靠背板连接，"C"形靠背板光素，凸显出涟漪般的木纹。

椅盘座面尺寸接近正方，坐靠舒适。边抹线脚为素混面，边抹框架内踩边打眼织软屉，转角处内外施圆弧，柔和自然。

椅盘以上用圆材，以下变为外圆内方，既便于与下部各构件之间的连接，也通过内直角起到了支承椅盘的作用。腿足间上端四面设素牙板，牙头与牙条背部使用揣揣榫，转角轮廓弧度圆婉。

四根管脚枨，两端采用闷榫与腿足相交，正面的一根最低，底部施窄牙条，后面一根稍高，两侧的两根最高。

类似风格的灯挂椅在苏北地区发现甚多，但其中用材细且造型、制作并臻佳妙者并不多见，此为一例。

南通私人藏。

## 9. 柞榛木灯挂椅

| | | |
|---|---|---|
| 座长 | 49 | 厘米 |
| 座宽 | 44.5 | 厘米 |
| 高 | 97 | 厘米 |

此椅与上例造型大致相同，唯尺寸、体量大于前者，无雕饰，凝重朴实。

腿足上下皆为圆材。后腿足与椅盘相交的一段既不采用卡口式的结构，也不采用在贴近椅盘下方腿足内侧打砦的做法，椅盘后部的固定，完全依赖下方的牙板和上部靠背板的抵挟，故牙板不仅加大了厚度，牙头与牙条也采用较为严密的揣揣榫结构。较为特殊的是，踏脚枨底部中段留有栽榫，系连接下方牙条所设（牙条丢失），可见制者之匠心。

靠背板偏窄，或许因材所限，但若依循王世襄先生的说法，明代使用灯挂椅往往加搭椅披，高耸的椅背将华美的锦绣凸显出来，那么略窄的靠背板被掩在其下，似乎也不影响整体观赏。总体说来，后背板仍显得气势不够，略有缺憾，收录于此，聊备一格。

与此件尺寸、造型、材质一致的另一件，现由广东中山私人收藏，应为成对或一堂之物。

北京私人藏。

## 10. 柞榛木灯挂椅

座长 46.5 厘米
座宽 37.5 厘米
高 102 厘米

此灯挂椅是同类家具中的另一种形态，上下虚实相宜，恰到好处。

椅背较高，搭脑呈罗锅式，两端硬截面，居中开槽口，以备嵌入"C"形靠背板的上端。后腿上下一木连做，"C"形弧线显著，与靠背板相背而驰。靠背板下端后部削出斜坡，形成梯形榫，插入座面槽口。椅盘座面攒边打槽装板，边抹为素混面，格角处除使用透榫外，另加三角形小明榫。

椅盘下腿足加大体量，外圆内方，腿足间上方四面安一木所挖短窄牙头的素牙板，两端背部也削出斜面，嵌装在腿足的槽口中。为防止脱落，牙板底部居中另施销钉。

腿足下端安步步高赶脚枨。除正面的踏脚枨外，其他三面为呼应上方椅盘的线脚，采用方材，看面皆做成混面，两头出榫以齐肩膀与腿足相交。

椅盘座面较窄的椅具，采用紧贴椅盘下部施短牙头式牙板的做法，除了装饰和结构的需要，也加大了椅盘下部可供使用的空间，腿部的活动不会因牙板的存在而受羁绊。

此椅2016年经上海藏家转让。

笔者藏。

## 11. 黄花梨灯挂椅

座长　50 厘米
座宽　40 厘米
高　108.5 厘米

此椅以椅盘为界，上用圆材，下用方材，蕴含天圆地方之道。用材上圆下方的椅具，近30年来大多源出苏北，除灯挂椅外，有玫瑰椅、圈椅、南官帽椅、四出头官帽椅、直靠背交椅等。虽材质、造型有别，手法却如出一辙，此类型无疑是苏北地区较为流行的款式之一。

此椅罗锅式搭脑如弓状，两端出头微翘，曲线柔美。“C”形靠背板选材考究，纹若流水。

椅盘边抹混面压边线，饱满圆润。座面下正、侧三面形同四面平框架结构，上用横枨采用格角榫与腿足连接，转角处微出小孤嘴。横枨的使用不仅加强腿足之间的连接，又分解座面的受力，使上下结构更加稳固。

横枨下、腿足间三面施高拱罗锅枨，上加矮老，唯后侧从简，采用与前部罗锅枨弧度一致的素牙板。

腿足下端用步步高赶脚枨。踏脚枨呈半鱼尾式与腿足格肩而交，格肩榫上平下弯，其目的除了增加相交的接触面，保障足间的强度外，更是为了与上方横枨取得一致的转角造型。

近年来，与此款相近的灯挂椅所见已达20余张，而此件为同类中神形最佳的一件。

北京私人藏。

## 12. 硬木方材玫瑰椅

| | | |
|---|---|---|
| 座长 | 58 | 厘米 |
| 座宽 | 45.5 | 厘米 |
| 高 | 92.5 | 厘米 |

玫瑰椅是明代扶手椅中流行广泛的一种款式，其特点是靠背与扶手相对低矮，与椅面垂直，用材较少。其形制变化主要通过后背与扶手框架内装饰构件取得，常给人一种通透轻巧之感。它的造型源于宋代流行的一种扶手与靠背平齐的“折背样”扶手椅，并加以改造而成。

玫瑰椅倚靠并不舒适，但适宜在窗台下作为装饰置放。因实际使用机会较少，故遗存多于其他椅具。

玫瑰椅大多用圆材，方材较少。此椅框架用方材倒棱，呈指甲圆状。搭脑罗锅式，与后腿顶端相接处不使用常见的烟袋锅榫，而采用格角相交。搭脑、后腿及靠近椅盘的横枨打槽，嵌装券口牙板。券口牙板单面工，正中浮雕寿字纹，左右螭龙相对，螭龙尾翼演变成回纹，延续至两侧，又转变为龙首，再转成回纹至底。靠近椅盘的横枨下方安透雕寿字形的卡子花，与上方呼应。

两侧扶手前端同样采用格角榫与前足上端结合，后端则用大格肩榫与后足上方交接。扶手下的构造与背部相同，区别是券口牙板的浮雕为双面工，横枨下安单个卡子花。

椅盘边抹素混面。椅盘下正侧三面的枨分两道，紧贴座面一道为直枨，下方相距两三寸为罗锅枨。正面枨间安矮老两根，中用寿字形卡子花；后侧从简，安刀牙板。直枨的使用既防止椅盘下坠，又承接矮老上端的出榫，是一种科学合理的做法。

四足下端采用步步高赶枨，正侧三面枨底设窄牙条（正面丢失）。为加强腿足的牢固，两侧及后赶枨用齐肩膀透榫与腿足相交。

此椅材质色如铁梨木，然密度又较常见铁梨木细腻，多方咨询同道，告之为“细丝铁梨”，个中说法是否确切，有待考证。

此椅据传20世纪90年代末出自苏北高邮地区。

北京私人藏。

## 13. 黄花梨玫瑰椅

座长 59.5 厘米
座宽 45.5 厘米
高 83 厘米

此椅靠背与扶手的空间内布局不流于俗套，除底部外，三面开槽口，嵌装圈口牙板。圈口牙板用料肥厚，上部与两侧三面锼出壶门造型，底部为洼膛肚形的牙条。圈口牙板内轮廓起一道劲挺的阳线，上下牙板通过两端的牙尖来调整和左右牙板之间的曲线变化。此种圈口牙板造型与做法，多见于苏北地区柞榛木玫瑰椅、架格上，有一定的地域共性。

椅盘格角攒框，相交处除使用透榫外，另加三角形小明榫，边抹线脚采用混面压边线。

椅盘下腿足外圆内方，正侧三面腿足开槽口安洼膛肚形券口牙板，并沿边起阳线，后部安素牙板。腿足下端用透榫安步步高赶枨，除正面踏脚枨外，其余三侧赶脚枨均采用剑脊棱线脚，锐利挺拔。

此椅保存完整，结构严谨稳固，端庄大气，有秦砖汉瓦之神韵，是同款中艺术水平较高者。除本具外，香港木趣居亦收藏四张同款（伍嘉恩《木趣居——家具中的嘉具》第260～265页，三联书店，2018年），推测原为八张一堂。

广东中山私人藏。

# 14. 柞榛木不出头圈椅（一对）

| | | |
|---|---|---|
| 座长 | 55 | 厘米 |
| 座宽 | 44 | 厘米 |
| 高 | 91 | 厘米 |

明式圈椅多用圆材，扶手一般出头，不出头者十不得一。此类圈椅初制于何时尚无定论，但在明万历四十二年（1614年）徽派刻工刘君裕刻绘的《忠义水浒全传》插图中，我们发现已有类似形式出现。

明万历　《忠义水浒全传》插图

此椅用圆材，明显受到竹器家具的影响。椅圈三接，中部搭脑做法特殊，圆材向下延伸一段，顺势削成斜坡，与靠背板形成平面，不生间隙，倚靠更为舒适。背板呈“C”形，光素无纹，凸显涟漪般的木纹。

在苏北地区，直联帮棍多见于搭脑为枕状的高背南官帽椅上，在圈椅上的运用相对少见。直鹅脖与前足一木连做，与原美国加州中国古典家具博物馆藏黄花梨镶大理石圈椅（王世襄《明式家具萃珍》件21, Tenth Union International Inc.）做法类同。

座面边抹素混面，其下腿足上端四面采用高拱罗锅枨，与座面紧贴。正面踏脚枨下也采用罗锅枨，与上方呼应，协调统一。

因腿足是圆材，为支承椅盘，防止滑落，椅盘下的四足上端延伸一段鹰嘴形的截面，代替常规打峇的做法，是此椅另一特殊之处。

此椅圆材的各个结点均施木销钉，罗锅枨与上部构件间则用铁钉加固，这也是柞榛木家具惯用的加固手法之一。遗憾的是经年累月，铁钉潮湿易锈，变得酥脆膨胀，造成部件胀裂，形成一定的破损。

南通私人藏有与此对相同的一对圈椅，原应为成堂之物。

笔者藏。

## 15. 黄花梨不出头圈椅

座长 55.5 厘米
座宽 44.4 厘米
高 92 厘米

圈椅通体光素无雕饰。椅圈极为特殊，三接，形若簸箕。扶手也不采用圈椅常见的曲线造型，却做成直的，不出头，用斜烟袋锅榫与鹅脖相交。联帮棍为呼应扶手，亦做成直的竖直安装。此椅形制与明崇祯《安雅堂重校古艳异编》插图中所见极为相似。

除此之外，该椅的另一特点是紧贴管脚枨的上方加竹片，并用铜泡钉加固，意在保护下方，免于脚蹬踩时产生磨损。

簸箕形椅圈的造型在江南地区传统竹类、藤类家具中多有发现，尤其与民间的“乞丐椅”椅圈颇为相似，多出现在安徽、山东等地，我们有理由相信它是模仿竹、藤家具而来。

此件是目前所知同类制式中唯一一件黄花梨制者，系近年欧洲回流之物。经仔细辨认，椅盘软屉下的两根弯带为柞桑木，此树种主要生长在以南通为中心的苏北地区，也是该地区传统家具用材较为广泛的品种之一。此件圈椅的产地应属苏北地区。

笔者藏。

明崇祯　《安雅堂重校古艳异编》插图

# 16. 黄花梨南官帽（一对）

座长 56 厘米
座宽 48.5 厘米
高 97.5 厘米

椅全身光素，通体用圆材，工料皆精，气宇不凡。

搭脑曲线状，如水生波，有流动之感，两端下垂，呈鱼尾式与腿足上方格角相接。靠背板向后弯曲，纹理生动醒目，有风起云涌之势。鹅脖与前足系一木连做，呈直线形，顶端与扶手间不用格角榫，而改用烟袋锅榫连接。扶手下设联帮棍，呈“C”形，形态内敛，与靠背板共同营造出环抱之势，用意仍在加大坐靠的空间。

椅盘边抹呈混面，框架表面内缘踩边打眼装软屉，因座屉尺寸接近方形，故下方采用八字弯带加强支撑。

紧贴椅盘下四面安一木所挖的素牙板，牙头短而扁，用料肥厚，外沿轮廓干净利索。牙板除装饰作用外，也具备承托椅盘、防止下坠的功能。

腿足下方采用步步高赶枨。踏脚枨下不施窄牙条，下部造型更加通透疏朗。椅尺寸不大，用料较细，故交纵的横竖材相交均采用透榫，也是它的特征之一。

该对椅牙板短扁的造型，常见于苏北地区所制折叠式条桌和条凳、酒桌、一腿三牙方桌等家具的牙板处。踏脚枨之下不设牙条的做法，在苏北地区所制一统碑式椅、灯挂椅、圈椅、官帽椅中也有体现，有一定的地域时代风格。综合以上分析判断，基本可以确定它为维扬地区的制品。

此对椅2017年由欧洲行家售出，与《中国花梨家具图考》件81黄花梨扶手椅（[德] 古斯塔夫·艾克《中国花梨家具图考》，地震出版社，1991年）造型、尺寸基本一致，只是靠背板木纹略有差别，推断它们为同一堂中的其中两张。

北京私人藏。

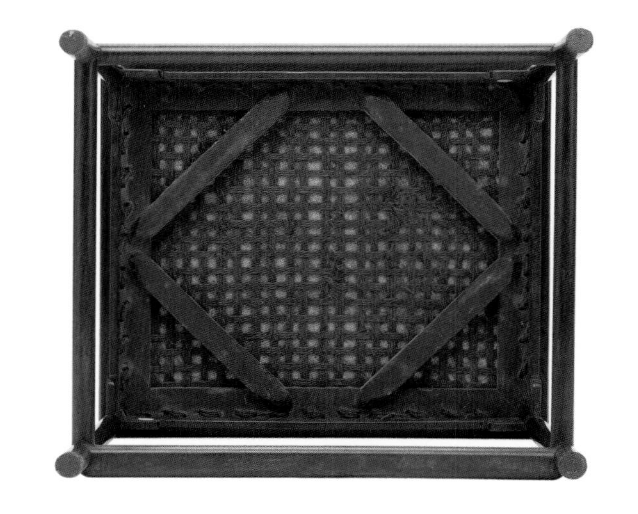

## 17. 柞榛木南官帽椅

座长 55.5 厘米
座宽 47 厘米
高 87 厘米

此为低矮型南官帽椅，近似玫瑰椅，造型朴质凝练，有儒雅之风。

该椅的特殊之处是四条腿足穿出椅盘的上端不出现弧线，做成直线形，但为了增大人体坐靠的空间，将搭脑、扶手、背板、联帮棍均做成曲线。“S”形独板靠背造型尤为突出，背板上方又用阳线围出圆形开光，减地浮雕团螭纹，形态舒展，活泼可爱；背板下方锼出较大的圆弧形亮脚，并沿边起一道灯草线，有灵动通透之感。

椅盘边抹用料较宽，格角处除用透榫外，另加三角形小明榫，外转角直角倒棱，略显生硬。椅盘下、腿足间设外圆内方的罗锅枨加矮老，正面两头攒出拐子，意欲填补较大空间的留白。其拐子纹的使用也显示出从“明式符号”向“清式符号”过渡的特征。背部罗锅枨造型从简，使用方材。

为呼应上方，前方踏脚枨也采用外圆内方的线脚，与腿足格肩相交，底部设窄牙条（牙条丢失），其余三侧均为上椭圆下平直的管脚枨。各个构件的连接处均施用竹销钉加固。

此椅2017年前由苏州行家收购于南通地区。

笔者藏。

# 18. 黄花梨八棱材南官帽椅（残）

座长 54 厘米
座宽 47 厘米
高 93 厘米

该椅由于全身使用八棱形材，制作的难度陡增，尤其是各部件衔接处的交圈处理，是出乎我们意料的精彩。

搭脑中部削成斜坡，逐步过渡至两侧的八棱状，两端亦挖出八棱形的烟袋锅与后腿连接。靠背板呈“S”形，较宽阔，背板底端两头缩进，后方踩口，正面呈“丅”形与椅盘相交，意在遮掩三面与槽口间的缝隙。后腿上部为对应靠背板，使用弯材，借用曲线来展示柔婉的效果。

鹅脖与前腿一木连做。扶手（仅剩一侧）呈“S”形，用烟袋锅榫与鹅脖连接。扶手下设八棱形的联帮棍，都是为了取得一致的视觉效果。

椅盘格角攒框，为避开边抹相交处套足的八棱孔，边抹正面格角，背面抹头留出薄片，掩盖大边尽端的断面，仅在角尖处才与大边格角相交，此种方法也多运用在苏北所制圆角柜的帽顶结构中。边抹冰盘沿上平下斜，远观似剑脊棱的效果。四个外转角削出棱角，化解了直角带来的突兀之感。

椅盘下四面用素牙板，起支撑作用（两面丢失）。腿足下端的八棱形管脚枨别具一格，呈罗锅状，两端用格肩榫与腿足相交（前踏脚枨丢失，现系打样示意，是否合理有待商榷）。

此椅2017年购自河北行家之手，据闻原采购于苏北地区。苏北地区亦见有上圆下八棱形腿足的四出头官帽椅，然与此椅优劣相去悬殊。此椅意趣清新，毫无矫揉造作之感。

广东中山私人藏。

## 19. 柞榛木南官帽椅

座长 55.5 厘米
座宽 46 厘米
高 102 厘米

椅通体用圆材。搭脑似弓状，中部向下顺延出底部水平线少许，形成坡面，与背板交汇。鹅脖不与前足一木连做，退后另安，底部采用透榫，直接穿入椅盘。联帮棍为直线形。

背板呈“S”形，纹理绚烂，上剔出如意纹，如沥线之堆起，平素中生出意趣。

边抹混面，内踩口转角处用圆角，与外圈呼应。历来所见，凡此做法的坐具，无不是精美之器。

椅盘下牙板与牙头背部采用揣揣榫结构，沿外缘起阳线，踏脚枨下窄牙条也起阳线呼应。

此椅2000年前后购于北京，与之成对的另一张，1990年经纽约苏富比秋拍拍出，现不知何处。

北京私人藏。

# 20. 榨榛木四出头官帽椅（一对）

座长 55 厘米
座宽 48 厘米
高 91 厘米

柞榛木坚硬而纹理绚烂，是苏北明式家具的重要用材，然也有弊端，如易招虫蚀，故明式柞榛木椅具存世较少，尤其是四出头官帽椅难得一遇。此对椅显得格外珍贵。

椅为苏北四出头官帽椅的基本形式。搭脑弧线柔婉如弓，两端向后翘起呈鳝鱼头状，中部圆润饱满，向下延伸一截，开槽口与背板相交。此种搭脑造型也多出现于苏北所制灯挂椅上，有一定的地域共性。

背板呈“C”形凹弧面，且向后倾斜。鹅脖退后另安，与扶手均为“S”形曲线，相交处用小刀牙板加固。扶手下联帮棍也呈“C”形，借以加大座面的空间。

座面近正方，坐靠舒适。座面边抹素混面，框架内踩边安软屉，转角处内外施圆角。

椅盘下安素刀牙板，牙条处背部采用传统的揣揣榫连接，严密结实。牙板转角处挖大圆弧线，峭拔劲挺。

为与上方构件呼应，腿足下方正面踏脚枨也做成素混面，下设窄牙条。其他三侧赶枨为椭圆形，其目的是为了增大看面，与周边构件体量协调。

该椅并不因其质朴无文而使人感到单调乏味，相反，给人隽永大方之感，如此效果，是通过它简练的结构以及协调的造型取得的。

此对椅原由上海资深行家周柏年先生于20世纪90年代初期在南通购得，入藏近30年，为仿制家具之样板，并未出售。2016年经沪上同道引荐，求购而不允，经多次诚心相求，一年后如愿得藏。

笔者藏。

## 21. 黄花梨攒靠背四出头官帽椅（一对）

座长 65.7 厘米
座宽 49.6 厘米
高 107.8 厘米

此对四出头官帽椅是椅具中座面较阔的一种，形体简练，疏可走马；纹饰秾华，密不透风。加之工匠精湛的制作，使艺术性和实用性得到了完美的统一。虽局部构件有缺损之憾，然神采俊逸，风骨不减。

椅搭脑用圆材做成罗锅枨式，出头两端微微上翘，并做硬截面，后腿足上端与搭脑交接处设角牙（惜丢失）。

攒靠背呈“C”形，分三段。上段圆形开光内浮雕团鹤纹，仙鹤口衔仙桃。古人以鹤为仙禽，以喻长寿。此种纹饰多出现于明清文官一品用仙鹤补子，瓷器纹饰中也多有呈现。此处图案与康熙年间青花团鹤的风格基本接近，为此椅断代提供了佐证。中段长方形带委角开光内居中浮雕身饰点点梅花的鹿纹，口衔灵芝，作回首状，地面上遍植灵芝异草。鹿后侧苍松屹立，树干上有一灵猴作捅蜂状。上方喜鹊飞迎，中有祥云飘绕。画面布局紧凑，层次丰富，呈现一派祥和吉瑞的气象。蜂猴谐音“封侯”，鹿谐音“禄”，合为“封侯进禄”意，梅花鹿与喜鹊又寓意“喜上眉梢”。鹤与鹿皆为道教的惯用符号，仙人大都以仙鹤或神鹿作为坐骑，两者常与挺拔的劲松出现于同一画面，又有“鹤鹿同春”之说，或名“六合同春”，寓示荣华。沈阳故宫博物院有豫亲王府旧藏石雕影壁，可作为此处图案之参考。下段嵌装壶门式亮脚牙板，沿边起阳线，至牙头处衍为卷叶纹，并居中浮雕团螭纹，口衔灵芝，呈飞腾状，雕刻有琢玉之感。靠背板三种图案次第出现，有着一系列寓意，表明器物使用者特殊的社会地位。

鹅脖与前腿足一木连做，为直线形。扶手三弯式，出头为硬截面。鹅脖与扶手间设角牙（惜丢失）。扶手下联帮棍造型奇特，旋制而成，形似宋代弦纹瓶，倾斜角度较大，给人体坐靠时留出宽敞的空间。

椅盘格角攒边，并沿外轮廓踩出一道宽扁的委角线，转角处施大圆弧，与圆腿足呼应，并可协调用材较宽的边抹与腿足、联帮棍之间的比例。冰盘沿从上部委角线形成的唇口过渡至洼面，再隆起，底部用压边线收尾。

椅盘下腿足外圆内方，便于和枨子相交，内方角也能起支承椅盘的作用。迎面两腿足里侧用压边线，后两腿平素。腿足间正面安素券口牙板，其余三面安刀牙板，均沿边起一道阳线。

踏脚枨线脚与椅盘相同，下安窄小牙板，其他三面为下方削平的椭圆形管脚枨。

与此尺寸、造型相同的四出头官帽椅，目前另存四张，为香港木趣居所藏，与之有区别的是攒靠背的上、中段纹饰为团凤和麒麟纹，因此推测，此款椅原为八张一堂，四四相对，与此对相同的另两具今不知何处。

此对椅2018年出自南通如皋城户家，四根联帮棍中有三根为柞榛木，另一根为黄花梨，或因材料缺少而混作，也不排除使用时丢失而后配的可能。与此相同造型的联帮棍，苏北地区出现多例，有一定的地方代表性。另外，此椅攒靠背下方的亮脚牙板纹饰较符合苏北地区特征。

综合考证，此椅为清早期苏北地区所制，应是江北官家或望族宅邸中物，富贵、野逸兼得。

北京私人藏。

清早期　仙鹤纹补子
美国大都会艺术博物馆藏

明末清初　石双鹿蜂猴图影壁局部
沈阳故宫博物院藏（豫亲王府旧藏）

## 22. 柞榛木一统碑式小交椅

座长 38.5 厘米
座宽 33 厘米
高 63.5 厘米

交椅乃交杌附加靠背制成，是继胡床、绳床之后发展的另一种坐具，晚唐五代时已有，从宋张择端《清明上河图》卷中所绘交椅来看，北宋时已甚为成熟。

交椅上部结构大致可分为两种：一为圈形扶手式，又称为"栲栳样"。二为单背式，亦称"直后背"。单背式又有搭脑出头和不出头两种，也可称为灯挂式和一统碑式。

此为一统碑式单背交椅，形制低矮，属居室内日常用具。其用材、比例较为粗硕圆浑，有几分天真憨厚的气息。与其他交椅的明显区别是此椅座面用硬屉，腿足虽两两相交，但固定而不能折叠，是交椅的一种变体。

椅通体不设一线，朴质无文，"C"形搭脑两端下扣，与弯材腿足相交。靠背板同呈"C"形，取材考究，山水纹理显著。

椅盘边抹用材宽厚，攒框做，内装楠木心板，转角处内外施圆角，下用十字穿带加固。

腿足用圆材，除两足相交处为增强牢固，断面为方形外，后足紧贴椅盘下的一段截面也为方形，起到支承椅盘的作用。因腿足不具备折叠的功能，故两足相交点不采用金属轴钉穿铆的做法，而用栽榫连接固定。

此椅2013年出自安徽休宁地区，该地区近30年来发现的柞榛木家具为数不少，大多与苏北地区如出一辙，因此我们有理由相信它们是来源于同一地区的制品。

浙江杭州私人藏。

## 23. 黄花梨活靠背躺椅

座长 60.7 厘米
座宽 74 厘米
高 106 厘米

明式活靠背躺椅是古代家具遗存中较罕见的品类之一，其特点为椅盘的宽度（即深度）大于长度，椅背低矮，有可以调节角度的活动靠背。追溯其源，是借鉴我国早期家具养和（靠背、懒床）的造型和结构，运用到有靠背带扶手的椅具中，并加以改进而成的。

此种躺椅在宋画中经常出现，如南宋刘松年《四景图》中人物的坐具。描绘最为精细的是现存日本大德寺的南宋周季常、林庭珪所绘《五百罗汉图》中的多具躺椅，画中椅为四出头官帽椅样式，方材造，椅座后部设带软屉的活动靠背。

南宋　刘松年《四景图》局部
故宫博物院藏

明式家具承继宋式家具，并进一步有所发展。明人沈德符《万历野获编》“玩具·物带人号”中还介绍了一种与此款相近的椅具：“古来用物至今犹系其人者……无如苏子瞻、秦会（桧）二人为著。如胡床之有靠背者，名东坡椅。”文中描述的“东坡椅”为靠背可以折叠的一种椅具，大致指活靠背躺椅中的一款。清初扬州画家萧晨《东坡博古图》、清初吴郡徐氏刊《曲波园二种曲》之《载花舲》以及清初《笠翁十种曲》之《凤求凰》插图中，均可见到此类搭脑与靠背板分离、座面相对短窄的椅具，说明活靠背躺椅在明清之际是一种较为流行的品种。不仅如此，活靠背躺椅的款式也很丰富，椅座分有束腰和无束腰两种，上部结构有玫瑰椅式、笔杆椅式、四出头官帽椅式、南官帽椅式、圈椅式等。

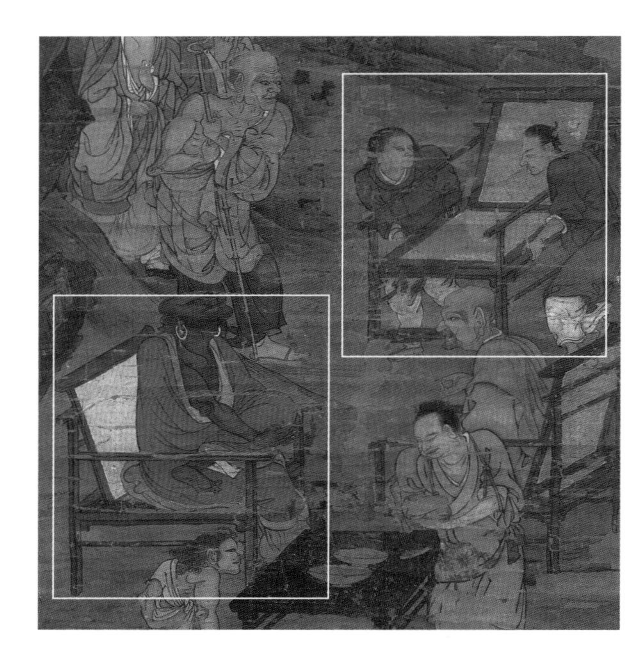

南宋　周季常、林庭珪《五百罗汉图》局部
日本大德寺藏

此例为南官帽椅造型。椅盘上部用圆材，下部外圆内方。靠背低矮，搭脑波折起伏，两头用烟袋锅榫与反“C”形腿足上端连接。靠背板呈“C”形。鹅脖退后另安。因椅座为长方形，扶手较长，呈“S”形与鹅脖连接。双联帮棍，呈直锥柱状，上端采用勾挂垫榫与扶手相交，外侧再施竹销加固。右侧联帮棍下部凿榫眼，卡装云朵形构件；左侧联帮棍底端内侧削为平面，云朵形构件两头不出榫，纵向开孔，联帮棍对应位置也开孔，再用铜条贯穿三个构件，类似提盒盒盖用铜条贯穿锁扣的做法。云朵形构件雕为两片相连的浮云状，形态饱满，新颖别致，大大增添了躺椅的情趣，其内侧分别剔出两个臼窝，故可转换调节活动靠背底部两端木轴，构思周详，设计巧妙。

此椅活动靠背与养和结构类同，两侧“S”形大边与上部枕头的立墙系一木所挖，与上下两根横材形成框架，里口踩边打眼装软屉。靠枕立墙里侧剔槽安半圆弧形板，外侧透雕出螭龙纹，呈环体状，尾翼一顺而下，在“S”形大边后侧形成卷叶状的两节卡钩，以便扣挂靠背。靠背最下面一根横枨后部转角倒成圆弧，两头出圆轴，纳入云形构件的臼窝，旋转自如。

椅盘边抹格角而交，相交处除透榫外另加三角形小明榫。冰盘沿上平中凹，再收腹至底用压边线，转角圆弧柔婉动人。

前腿足内侧压边线，上端四面用素刀牙板，牙头与牙条背部采用揣揣榫。为呼应上部边抹，腿足下方踏脚枨也采用同样的线脚，其余三侧均用上椭圆下平的赶枨。

此椅用材壮硕，予人一种健雅之美，其结构、榫卯工艺讲究，图案雕刻一蹴而就，利落准确，这些都是苏北地区尤其是南通地区柞榛木家具的特点。此椅的发现，不仅解决了古代绘画中所见活靠背躺椅悬而未知的结构性问题，也为我们今后各类躺椅的研究增添了一例实证。

2014年前后出自南通市区。

北京私人藏。

清早期　《凤求凰》插图

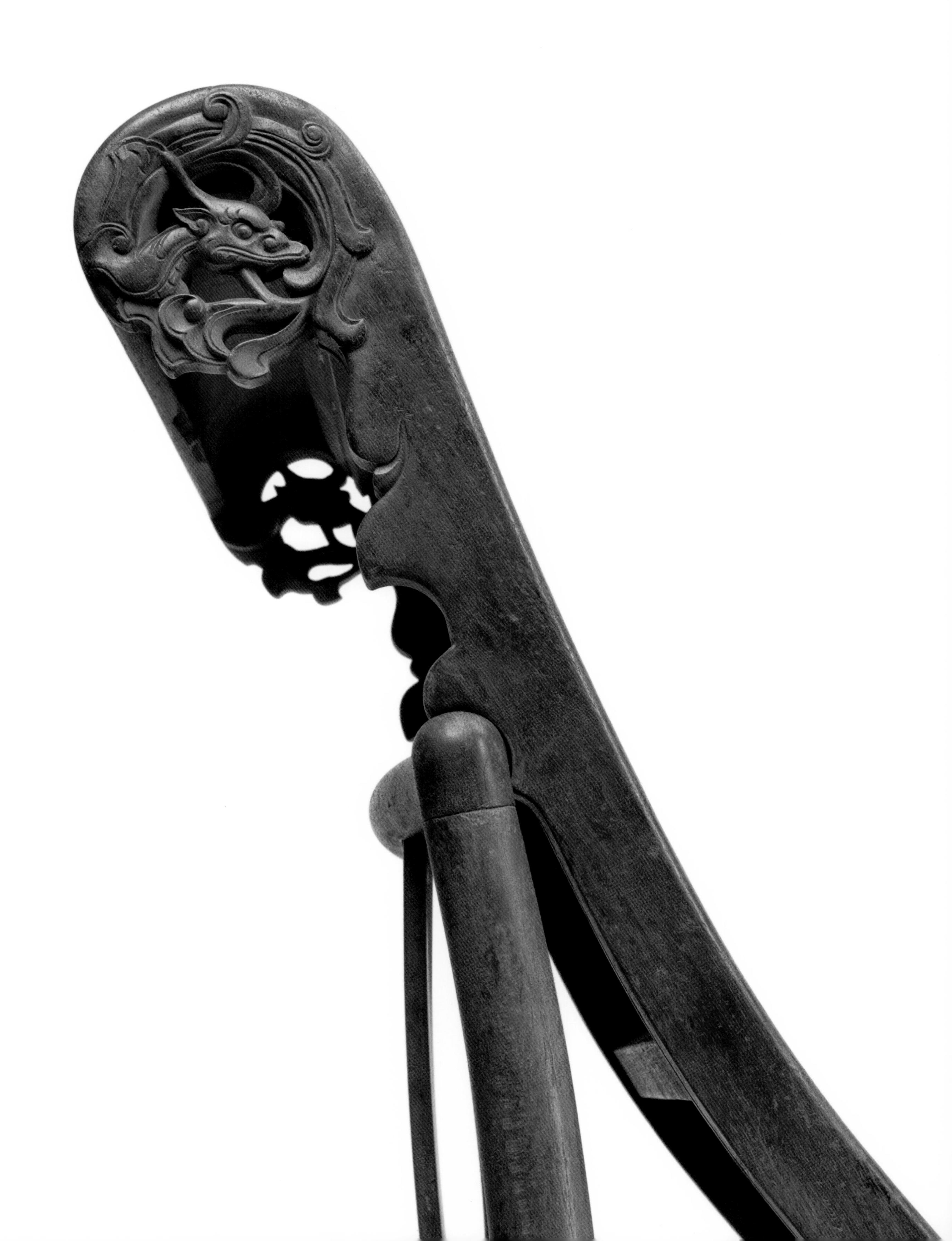

## 24. 柞榛木活靠背躺椅

座长　62 厘米
座宽　81 厘米
高　　98 厘米

躺椅的扶手延伸出椅盘较多，其形象与明清春宫图中的诸多“春椅”颇为相似，江南民间亦有“逍遥椅”的称法。此椅的制作年代大致为清中期，却局部保留了明式造型特征，因明式实物传世绝少，故附带述及，以窥传统躺椅的另一种做法。

椅座做法特殊，为获得人体躺靠的最佳角度，椅盘两侧大边、束腰、牙板不惜耗材，均以大料挖成弧形弯材，这也增大了工艺上的难度。座面距地最高处为57厘米，下凹的最低处为49厘米。弯材座面上用一根横枨将之分成两个空间。前段框架内装弧形活屉。活屉攒框打槽装竹片，前端下方踩口，后端栽榫与横材搭交，不易松脱。后段空间直接打槽装板。

边抹冰盘沿。为避免视觉上过于厚重，弯材束腰挖鱼门洞。牙板与托腮一木连做，牙板转角处起回纹，呈披肩状。束腰、牙条、托腮背部用穿销加固。管脚枨两端呈鱼尾式与腿足下方格肩相交。马蹄足除起回纹外，转角处加饰卷叶纹形成包角，与上方呼应。

椅盘上方鹅脖不与前足一木连做，退后另安。后柱做法奇特，用厚木圆雕出弯曲的如意形。柄首为三瓣卷云式；柄身扁圆，由上至下逐渐增粗至底，再翻卷绕回；柄下端浮雕相互掩搭的螭龙（俗称“螭虎”）、灵芝和卷叶纹，组成“螭虎闹灵芝”的吉祥图案。后柱底部不与后足相连，在前方另设，并出长榫贯入椅盘。柄首间用椭圆形直横枨相接，以抵住活动靠背。

扶手与后立柱格肩而交，从后向前逐渐增粗，呈“S”形向上翘起，使座位有了更大的空间。扶手与鹅脖间设角牙。联帮棍呈“C”形如意状，上雕蝠纹，寓示祥瑞。

明　佚名　《上元灯彩图》局部
台北观想艺术中心藏

清　吴历　《墨井草亭消暑图》局部
美国大都会艺术博物馆藏

躺椅的靠背可活动、拆卸。嵌竹圆枕的侧山与“S”形大边一木挖出，上下各用两横枨形成框架，并分为上下两段。上段以圆枕为搭脑，圆形侧山处雕饰鸟兽花卉等民间吉祥图案，生动活泼；下段中部用柞榛木和竹片拼接成十字连圆图案，似龟背纹，暗含寿意。背部髹黑漆，底部栽双榫与椅盘横材相交。

此椅2016年10月采集于安徽休宁五城，为上海行家所藏，2018年蒙上海同道从中周旋，始许携回。该椅的尺寸、造型工艺及材质与田家青《清式家具》所录者基本一致（田家青《清式家具》件28，第94、95页，文物出版社，2012年）。后者据原物主蒋念慈先生回忆，系20世纪80年代末，由其母购于上海文物商店，为美国收藏家约翰逊先生（Edward C Johnson Ⅲ）所藏，曾展陈于美国波士顿美术馆。

此椅的下座部分与苏北南通地区有束腰的桌、几、凳、椅等造型和工艺相似，亦可作为产地推断之证据。

笔者藏。

# 桌 案 几 类

## 25. 黄花梨无束腰方桌

长 81 厘米
宽 81 厘米
高 81 厘米

小型方桌，用途较广，但主要作餐桌使用，传统江南人家日常必备之器。

桌面攒边打槽装三拼板。面底用两根穿带，因穿带的用料厚度超过边框，故两头斜削，并出透榫与边框连接。面底披麻挂灰髹黑漆封护。

冰盘沿分三层，上部齐平，中部为混面，底部压边线。此种冰盘沿线脚多运用在苏北地区圆角柜帽顶线脚处。

腿足外圆内方，两侧压边线。腿足间上方四面以直枨与腿足格肩相交，枨间安立柱两根，分隔成三个长方空间，沿内打槽装带鱼门洞的绦环板，予人空灵轻盈之感。

横枨下方与腿足局部也剔出槽口，嵌装云钩式牙头及牙条，沿边用一道阳线勾勒。此种造型的牙头，也多在苏北地区所制圆角柜底枨下出现，有一定的地域特征。

此桌2016年出自苏北泰州黄桥镇一带，牙头、牙条构件散失较多，幸各留一件，为此桌的研究和复原留下了参照。

广东中山私人藏。

## 26. 黄花梨无束腰裹腿枨方桌

长 93.5 厘米
宽 93.5 厘米
高 83.5 厘米

方桌边抹素混面，攒边打槽装板，内外施圆角。面心板三拼，采用龙凤榫拼合，底部再用三根穿带加固。圆足，裹腿枨。腿足上端分别安两道枨，紧贴桌面底的一道枨，相当于垛边，既节省了材料，又形成劈料的视觉效果。枨间安矮老两根，分隔成三段空间，内打槽安带鱼门洞的绦环板，空透疏朗。

这类裹腿枨的造型是受了竹家具的影响，有不同材质，在苏北地区发现实例甚多，有方桌、方凳、棋桌、条桌、画桌、榻、罗汉床及架子床等，说明是当地流行的款式之一。

2005年出自江苏南通地区。

北京私人藏。

# 27. 黄花梨有束腰展腿式折叠方桌

长 94.3 厘米
宽 94.3 厘米
高 88 厘米

此桌分成上下可拆卸的两部分，上部可单独作为地桌、炕桌使用，上下组合又可当方桌使用，随遇而安，运输时还可节省空间，是古代行军、宴游用具。

桌面攒边开槽装三拼板，面底附三根穿带。冰盘沿分四层，上层平直，下方踩成凹弧面，再隆起一层混面，底部压边线。

牙板与束腰一木连做。牙板两侧出花牙，沿边起阳线，在花牙处阳线又兜转出卷珠与回纹相抵。

腿足做成三弯式，足端两侧有云纹雕饰，转角处又饰以曼妙的卷叶纹，出芽尖，似铜包角。腿足内侧挖缺做，面底格角处和足底皆凿双榫眼。

下部为一副折叠框架，类似四足可折叠的矮面盆架结构。直足内翻马蹄，四面倒棱，不设一线，顶端出双榫，在与上部三弯腿、束腰里侧接合处的两侧剔去外皮，下方断面两侧留榫，与矮腿足接合，形成完整的展腿式腿足。

折叠腿足中两根对角位置的腿足上端用双横枨连接，另外两腿间安横枨一半长度的短材两段。短材一端开口钻孔，嵌夹上下两根横枨中间穿插的长方木片，再用轴钉穿铆在一起，形成可折叠的十字枨。十字枨四面踩出委角线，二枨交搭处一小段的断面为扁方形，不倒棱。

2002年前后出自苏北泰州地区。

北京私人藏。

# 28. 黄花梨无束腰罗锅枨翘头桌

长 104.5 厘米
宽 43.5 厘米
高 88 厘米

四面平家具的结构源于我国早期台座式家具，在宋代已经十分成熟，并基本脱离框架结构，可不设管脚枨或托泥等。明代，四面平家具得到更大的发展，成为当时最流行的品种之一，频繁见于同时期绘画和版画。

此为四面平条桌的一种变体。面为独板，带翘头，稍喷出底部，俗称“假四面平”。在厚板的纵端镂挖一截梯形口，并留出半榫，与抹头格角相合，使抹头纵端的断面纹理不外露。翘头短矮，与抹头一木连做，向上微微翘起，外侧和抹头保持平直，整体协调统一。

腿足用方材，下端挖出内翻马蹄，顶端长短榫，与牙条格肩榫相合，内留挂销，套挂牙条。腿足上方设罗锅枨，两端与腿足齐肩膀连接。四根牙条与腿足组成一副架子，最后将带翘头的面板再置放到架子上，面板底部的榫眼与长短榫拍合。

此桌造型显得格外守正持重。在四面平结构家具中，面板喷出，与牙板形成落差的做法，不仅是为了形成视觉上的变化，更是为了合理安排榫卯，是一种科学的做法。

北京私人藏。

# 29. 柏木无束腰马蹄足霸王枨条桌

长　98.3 厘米
宽　48.5 厘米
高　87 厘米

此条桌虽无束腰，但按明式家具的造型规律，仍属有束腰家具的造型体系。

桌面攒边打槽装板，心板三拼，底部设三根穿带。冰盘沿一波三折，再用压边线向下方构件过渡。

腿足顶端长短榫，与牙板以格肩榫相合。格肩榫做法特殊，不交汇在腿足的折角处，而向内移出较多，角度比常见的陡，其目的是为了扩大腿足与面框的接触范围，增加强度。

腿足侧脚显著，主要是通过与牙条内缘大弧度镂挖取得的，腿足上宽下窄，呈椎柱状，底端兜出扁矮的马蹄，足尖内挑。为使面子的重量分递到各腿足，并防止摇晃，采用榉木霸王枨加固。霸王枨截面上圆下平，呈"S"弯，为呼应腿足，由细至粗向上扬起，打破了家具平直的造型语言，产生灵动之感。

桌面底部披麻挂灰髹红漆，顺延至牙板的底皮。此桌造型结构尚有明式大漆家具特征，推断原表面亦髹有红漆。

2006年前后出自苏北。与此件类似的还见有一种束腰不显著、腿足倒棱、不设马蹄腿的造型，有一定的地域性和时代特征。

北京私人藏。

# 30. 黄花梨镶楠木瘿有束腰带托泥长方香桌

长 88.3 厘米
宽 61.8 厘米
高 83 厘米

桌（古作卓或棹）一词始见于唐代。当时处于起居生活的转型期，家具的名称和功能并不确定，桌仍与案、几的名称混称或并称，无明显的界限。明《正字通》："俗呼几案曰桌。"反映了这种现象。唐元稹《连昌宫词》及《新唐书》"仪卫志"等出现"香案"一词，唐裴铏《传奇》"文箫"中也出现"香几"一词，或可推测"香桌"在唐代已出现。北宋司马光《书仪》："卓子于东方，设香卓于中央，置香炉炷香于其上。"可知"香桌"一词在北宋已有特指。元康里巎巎《奉记帖》（故宫博物院藏）中描述更为具体："更望二香卓，其一小者（旁注"高尺余"），欲几榻间放；其一大者，高博尺四尺可也。得坚实素木为之，妙！"香桌在苏北地区民间又称"香台"，除主要用来陈设炉鼎，作焚香祈神之用外，亦可陈设文玩、花器等。

明　佚名《张瀚宦迹图》卷局部
故宫博物院藏

此香桌比例合度，庄重内敛，造型装饰与明《张瀚宦迹图》（故宫博物院藏）卷中所绘香桌较为相似。

桌面镶楠木瘿，窄边框。面底用三根穿带，披麻挂灰髹黑漆。牙板与束腰一木连做，用料肥厚，两端与腿足格角处浮雕卷云纹，形似角牙。

腿足用料看似不大，其实不小，中部里侧镂挖较多，只留出上下两截较宽，上截镂出对应牙板卷云纹的另一半纹饰，较似香几中"蜻蜓腿"的做法，足端向内兜转卷球而结终。牙板与腿足内缘的阳线在卷球处渐隐而不见，状似"蜻蜓眼"。腿足底部别出心裁，承接交泰式垫球，与上方相映成趣。垫球底端出榫，原托泥丢失，系近年后配。

此桌2008年前后由河北行家收购于浙江嘉兴平湖地区，后经香港研木得益有限公司售出。其角牙的造型多出现在苏北地区所制几案上，有较为鲜明的地方特色。

北京私人藏。

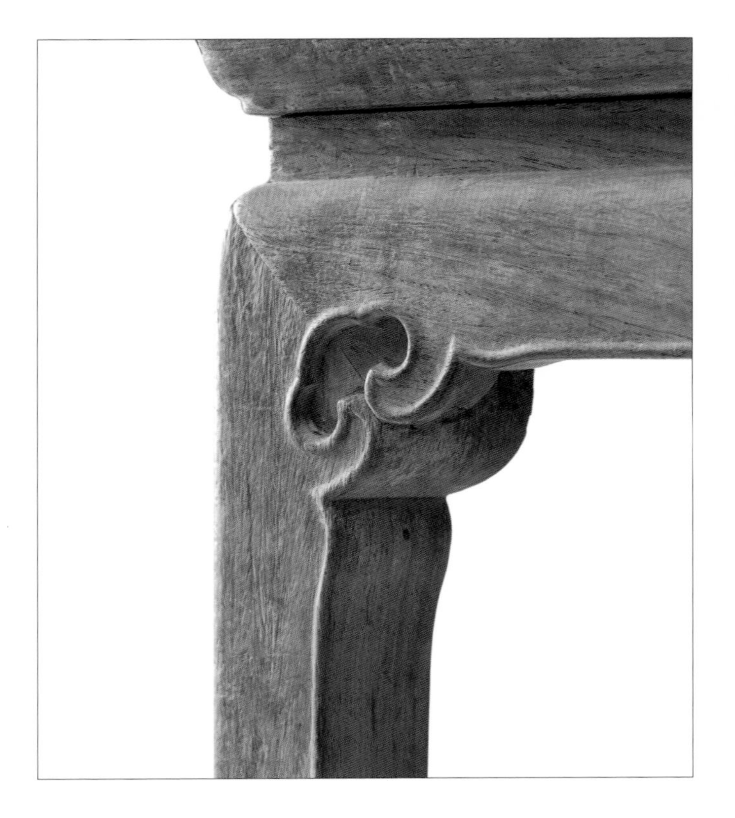

# 31. 黄花梨镶楠木瘿夹头榫平头案

长 88 厘米
宽 57.5 厘米
高 78 厘米

案短而阔，朴质简练，属夹头榫平头案的基本形式，从案面的尺寸比例看，应作为小书案或小画案使用。

与本例相似的另一件平头案（冰盘沿不同）

案面边框采用明窄暗宽的做法，转角处内外施圆角，以尽量突出楠木瘿心板温婉的纹理。

冰盘沿做法不流于常式，以平面为主，至下端微敛后外翻出柔和的碗口线，具有一定的地域手法。

案面底采用三条竖向穿带，两侧穿带居中凿透眼，穿入一状似门闩的短材为托带，并固定在抹头内，形成"T"字形排列，再髹黑漆。此种托带使用方式多见于漆家具，其目的是为了加强与抹头的拉结，避免年久涨缩后造成心板边簧的松脱。

圆腿足，刀牙板。牙头与牙条系一木镂出，用料肥厚，沿边起较细的灯草线加强轮廓。为呼应上方，挑头与堵头转角处施大圆转角，用暗燕尾榫。

前后腿足间装椭圆形梯子枨，底枨与腿足连接处不施销钉，用勾挂垫榫连接，牢固稳定。

此案于20世纪90年代末由扬州地区售出，后不知踪影，2018年春又惊现拍场，一时引来无数爱好者驻足。更为惊讶的是，拍卖后承蒙上海资深行家相告，曾于2010年前后在苏州太仓地区收购另一具同款平头案，两者除冰盘沿线脚不同外，其材料、造型、尺寸、制作手法几无二致。依照常理，这两件平头案应为同一作坊同一批制品，缘何发现自不同的地方？是不同地区所制？还是同一批制品因贸易、迁徙等因出现在了不同地区？又为何唯独冰盘沿出现了变化？尚待进一步研究。

北京私人藏。

# 32. 黄花梨夹头榫平头案

长 111.5 厘米
宽 39.2 厘米
高 79 厘米

此属小型案，因为它的尺寸窄小，可随意安放，用途比较灵活。

案面小而狭长。冰盘沿下方略敛入。案面底部披麻挂灰髹黑漆，保存状态良好。牙头与牙条平接，牙头呈卷云纹式，两侧出尖，下方对称锼出三层委角，层层递减，沿边起犀利的阳线。

圆足，梯子枨呈椭圆形，与腿足接合部位内侧施竹销，不易产生脱落。

这种卷云纹的牙头是苏北地区较为典型的装饰纹样，尤其集中在南通地区，当地素有"牛头角"之俗称，多出现在腿足为扁方形的案类家具中，以榉木、柏木及髹饰家具居多。

此案2012年前后购于香港。曾刊于洪光明《黄花梨家具之美》（洪光明《黄花梨家具之美》，台北南天书局，1997年），书中有修复前的原始图像，"灰鼠色"皮壳，类似皮壳江南常见，其来源地也应属这些地区。

北京私人藏。

## 33. 黄花梨夹头榫平头案

长 231.4 厘米
宽 68.3 厘米
高 83.5 厘米

案面格角攒框打槽，装独板心。板心厚约2厘米，底部用五根穿带支承。冰盘沿上舒下敛，底起边线。腿足呈椭圆形，宽7.3厘米，厚6厘米，苏北民间俗称“鸭蛋圆”，其参考了扁方形腿足正侧不等的比例，使用在案类家具中较为合理。

腿足上端开口嵌入牙头、牙条，以半圆形高低双榫纳入边框底部。牙条与牙头格角相交。挑头与堵头转角做成大圆弧，与边框转角相呼应。两足之间用椭圆形梯子枨，与腿足相映成趣。

此案因用料足，通体既不采用透榫，也不用销钉，却无散架之虞。更为大胆的是，底部靠两侧的穿带，不按常规避开腿足顶端对应榫眼的部位，而与腿足在同一位置与大边连接，丝毫不担心影响其坚实程度。

此案1996年经香港恒艺馆售出，之前信息不详。腿足为椭圆形的大型平头案、画案乃至床榻，在苏北泰兴、盐城、南通地区发现多例，是该地区特色造型之一。此案的部分穿带用材为柞榛木，更确定了这一说法。

北京忠恕堂藏。

## 34. 黄花梨夹头榫带抽屉平头案

长 166.7 厘米
宽 60.3 厘米
高 86.3 厘米

此案边抹冰盘沿为叠涩式，分三层，最下层用打洼皮条线，遒劲挺拔。转角处内外施圆角，独块装心板。面底部用四根穿带出半透榫与大边结合，严密结实。

腿足扁方形，线脚丰富，正反两面沿边用打洼皮条线，中分成两个混面，起皮条线，形成劈料效果。两侧为混面，边起皮条线，转角处踩委角线。前后腿足间用方材梯子枨连接，梯子枨四面踩委角线，整体协调统一。

腿足上端开口，嵌夹猫耳式牙头及牙板，沿外轮廓起阳线。猫耳式牙头与苏北地区常见的榉木类家具造型略有区别，下端牙尖下另出委角，更增变化。牙头与牙条背部采用揣揣榫连接，其结构也与常见的柞榛木家具稍有区别，为暗销不穿出横条的做法，近半而止，其意是为了保存牙条的厚度，减轻暗抽屉给牙板带来的负重。

前后牙条之间居中下端设"L"形轨道，形成一个长方空间，打槽装底板。正面牙条开长方形口，装两具暗抽屉。抽屉不设拉手，而在底板靠前方开孔，以便用指推出抽屉，类似棋牌桌暗抽屉的做法。李渔《闲情偶寄》"器玩部·制度第一·几案"："几案其中有三小物必不可少，一曰抽替……抽替一设，则凡卒急所需之物尽纳其中……"正与此案相合。

此案宽为60.3厘米，未达到常识中书案两尺半的宽度，是否作为书案或供案使用？尚待进一步的考证。

2013年由河北行家收购于苏北盐城建湖地区。

北京私人藏。

## 35. 黄花梨独板面夹头榫翘头案

长 211 厘米
宽 39 厘米
高 82 厘米

此案为中型案类家具，适宜顺着厅堂内或书房的山墙摆放。李斗《扬州画舫录》：“民间厅事置长几……两旁亦多置长几，谓之‘靠山摆’。”

案面独板，翘头与抹头一木连做。冰盘沿线上层平直，至中层缩进呈混面，至底层起打洼皮条线。

腿足扁方形，迎面用打洼皮条线分成两个混面，边起皮条线，后部倒棱起委角线。前后腿足间用梯子枨，四面倒棱起委角线，对应腿足后部线脚，协调统一。

腿足上端开口，以备嵌夹牙头及牙条。一侧牙条、牙头用整板镂挖，另一侧却在牙头中部拼接而成，应是根据原材料大小制成。牙头透雕成相背的螭凤纹，身躯衍成飘舞的圆润草叶，牙条沿边起阳线。

据闻2005年前后，此案由河北行家购于宜兴市丁蜀镇兰佑村，该地区近几十年来鲜有明式硬木家具实例的发现，是否来自婚嫁妆奁或采购？不得而知。其造型工艺是苏北地区的特征，故收录于此。

北京私人藏。

## 36. 榉木独板面夹头榫翘头案

长 310 厘米
宽 52.4 厘米
高 85.5 厘米

在大型案类家具中，因承重需要，下部一般采用扁方形腿足，中嵌挡板，下承托泥，形成一副框架结构，牢固可靠。如此例采用圆形腿足，做成活面结构者鲜见。

案面用独板做成，长近一丈，厚约二寸半，用料肥硕。翘头与抹头一木连做，抹头底部施竹销加固。案面底对应腿部内侧四角栽榫，阻挡案面的移动，作定位之用。

腿足壮实，呈椭圆形，上端开口嵌装牙板。牙板嵌入腿足的部分，外侧明显有修补的痕迹。可能制作时原计划开槽后和腿足咬合，后又因担心牙条过长，容易折断，重新修补后直接夹嵌，不难看出制作者踌躇不定的取舍过程。牙头与牙条格肩相交，与两侧堵头形成框架，中设四根托带，两端用燕尾榫扣入牙板，便于组装拆卸。

前后腿足间用椭圆形的双梯子枨，梯子枨上端腿足间开槽口，嵌夹有鱼门洞的绦环板，再用一根两头燕尾榫、下方开槽口的横枨扣压，使整个面下框架无散架之虞。

此案2017年前后出自苏州胥口蒋墩地区，它的造型结构与苏北地区风格基本相符，或是由苏北地区售卖至苏州，或是聘请苏北工匠在苏州所制。

北京私人藏。

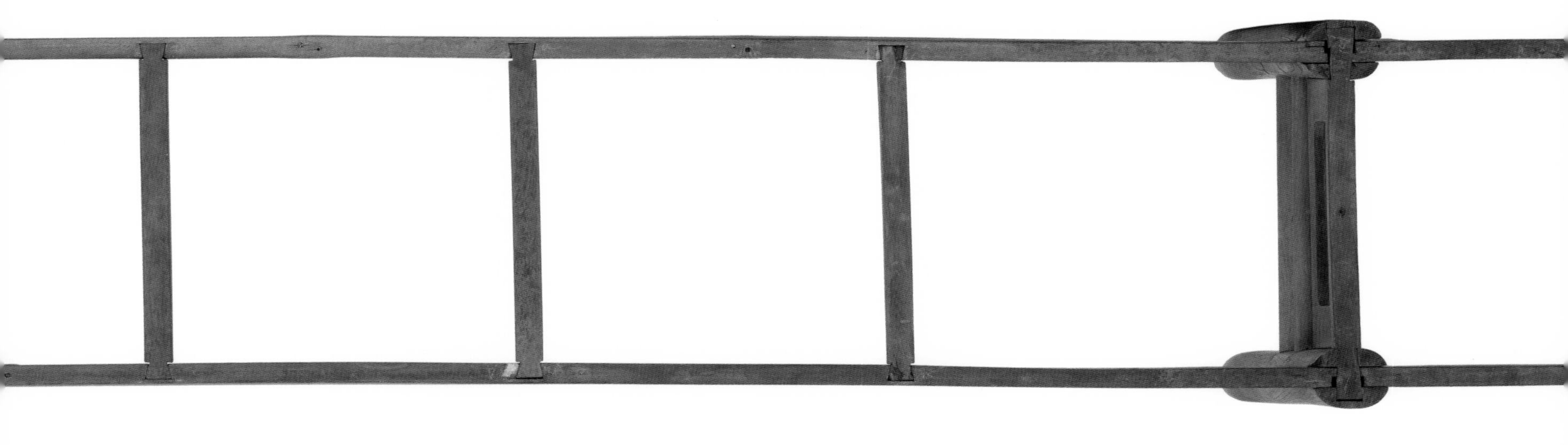

## 37. 黄花梨独板面夹头榫带托泥翘头案

长 213 厘米
宽 52.7 厘米
高 82.5 厘米

此为活拆式的夹头榫翘头案，由上、中、下三部分组成，可开可合，便于搬运。

上部案面为厚独板打造，纹理绚丽。翘头与抹头一木连做，飞起又回勾，如鸟喙，牙尖兜转回冰盘沿交圈。

中部用牙板和堵头打造一副框架，内用两根托带，两头出燕尾榫与牙条连接。牙头与牙条不采用格角榫，而采用齐头碰相交，两个部件之间另加栽榫结合。牙头透锼出猫耳式卷云纹，紧邻牙条卷云纹上方牙条两侧出牙尖，再平缓过渡到平直的牙条上，牙头卷云纹下侧踩出两道委角。牙板沿边起柔和的碗口线。

下部由腿足、托泥、挡板组成两副框架，如同板足。腿足混面倒棱踩出委角线，上端开口，以备嵌夹牙头、牙板，下端出双榫与托泥相交。腿足和托泥内侧剔出槽口，直接插入挡板。挡板独木做成，用料肥厚，中部透锼出壶门形开光，两面沿边起宽阔打洼皮条线，开光内上方镂出宽带状卷云纹，卷转形成灵芝形如意头，下端又承接两卷相抵的云纹，纹饰间用连珠加固。图案繁缛富丽，线条婉转流畅。

在腿足与牙板组装完成后，用软木做托带，两头出燕尾式榫，下方开槽，嵌入对应部件。案面下方栽四个小榫，与前例相同，卡入下方两横枨与牙条形成的框架内角处，不易产生滑脱。

此案2016年购自海外，其装饰与苏北地区所见的其他实例相近，虽有繁简之别，但风格如出一辙。

香港私人藏。

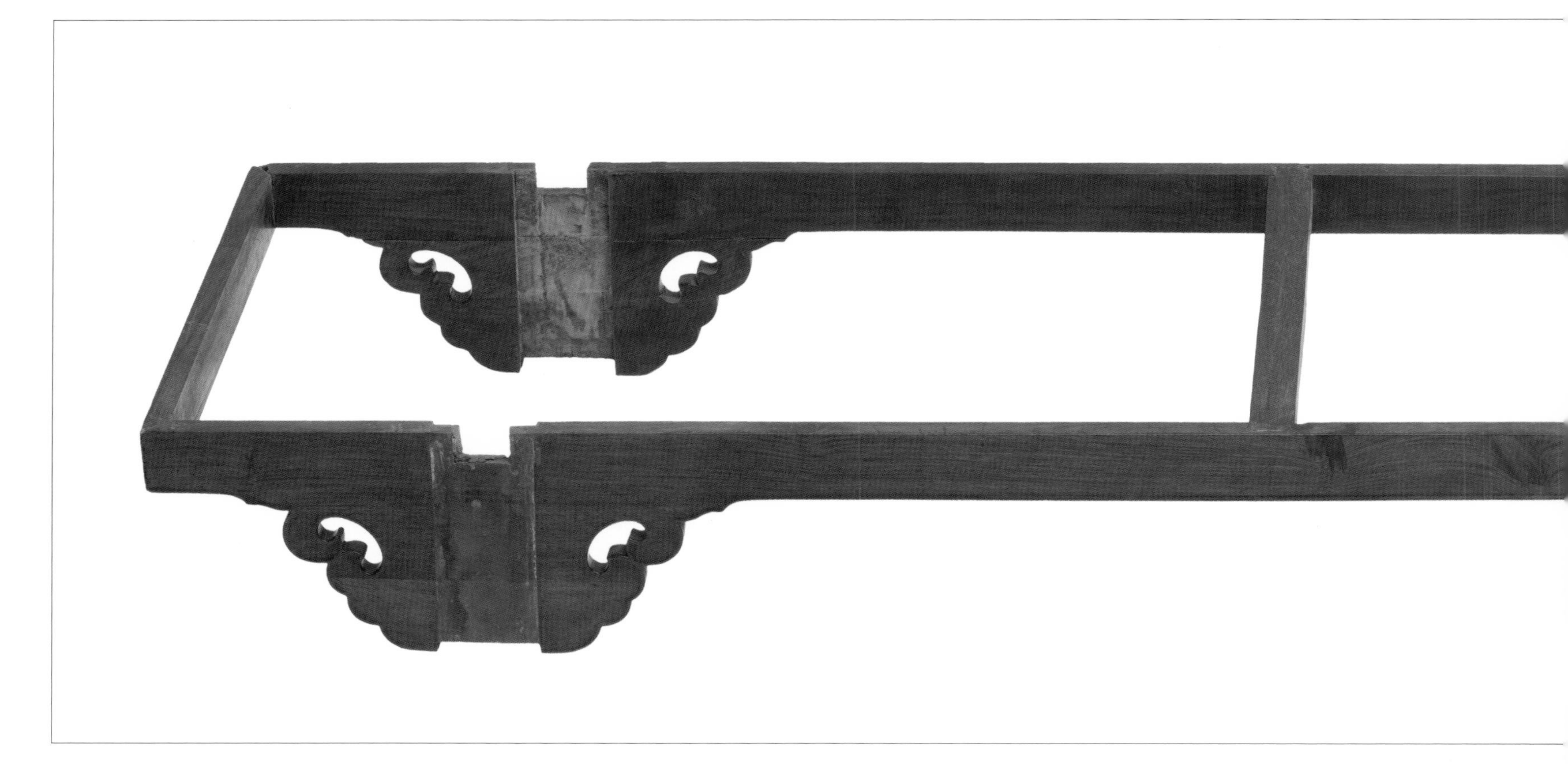

## 38. 榉木独板面夹头榫带托泥翘头案

长 320 厘米
宽 62 厘米
高 90 厘米

此案长近一丈，属大型条案，厚重沉稳，一般在祠堂作为供案使用。因其硕大沉重，挪移不便，故能完好遗存至今。

案为活拆式，像积木般可拆卸，同样由上、中、下三个部分组成。

上部用独木制案面，抹头与翘头分体做，翘头呈云头式，一波三折，底部通过走马销与抹头连接。边抹线脚层次丰富，共分四层，中用宽带状打洼皮条线分成两个混面，底部再用皮条线收底。

中部前后牙板、两侧堵头用暗燕尾榫连接，组成一副框架，并用四根托带两端出榫后与前后牙条齐头碰式相交。为增加牢固性，用木销加固。其中有两根托带紧邻堵头，目的也是加强堵头与牙板的连接。牙板上端栽六个立榫，承接案面时与面底榫眼结合。

中部与底部组装完成后，用一活动的横枨两头出燕尾榫，底部开槽，嵌装对应构件。此横枨还兼具托带功能，是整副框架结构的枢纽所在。

牙头造型特殊，呈卷叶式，又似螭凤纹的变体。为保持图案衔接的完整，牙条对应牙头的位置向下伸出一截，与牙头做齐头碰式连接，牙条沿边起皮条线，并逐渐消失在牙头的纹饰边缘。

下部由托泥、腿足、挡板等构件组成一副架子，也略似板足的样式。腿足上端开口，以备嵌夹牙头、牙条，下端出单榫与托泥连接。腿足正面用宽带状皮条线分成两个混面，两侧再起皮条线，以呼应冰盘沿线脚。托泥用两块木墩，中部两侧凹陷，外观似裹腿造，截面上方沿外轮廓踩出委角线。托泥下方中部原挖空留出两端云脚，奈何经年累月受潮蚀朽，已近乎平，托泥底部露榫便可为证。

腿足内侧及托泥对应挡板的位置开槽口，嵌装挡板。挡板用厚板镂出大朵垂莲纹，居中直挂，莲尖直抵下方两卷相抵卷草纹的横枨间。此种横枨造型多见于苏北地区所制条桌、方桌的罗锅枨或霸王枨。

券口牙板在下端截成两段，分别嵌入腿足、横枨和托泥的槽口内，局部又演变成带委角的角牙，极似苏北所制四面平台座式家具中常见的角牙构件。下部圈口断开的做法，增大了透光空间，故显得轻盈剔透，新颖脱俗。

据闻此案2000年前后由河北行家购于山东胶南市户家，从制作手法和纹饰看，应归属于苏北家具体系。

胶南地区系胶莱古运河必经之道，明万历八年《即墨县志》卷九载即墨知县许铤《地方事宜议》“通商”：“本县淮子口、董家湾诸海口系淮舟必由之路……隆庆壬申议行海运，胶之民因而造舟达淮安，淮商之舟亦因而入胶……庶几，淮海之滨，舟楫绎络，百物鳞集，墨之粟可入淮，淮之货可入墨。”推测此案是由苏北地区通过漕运经胶莱运河转卖至此地。

陈增弼先生旧藏。

## 39. 榉木插肩榫平头案

长 184.5 厘米
宽 49.5 厘米
高 85.5 厘米

案面用厚板造，为防止纵端的木纹外露，并防止开裂，两端拍抹头。冰盘沿做法特殊，外观呈叠涩式，仿佛倒悬的两层台阶。从案面底可观察到，下部其实与案面采用分体的做法，起着垛边的作用，苏北民间亦有“假厚面”之称。此种做法既节省材料，又减轻案面的重量，还为上下构件连接后产生不同方向的涨缩提供了缓解的余地，从此可说明此案在结构、形式、装饰等方面相互牵连和制约的关系。

下部腿足与斜肩嵌夹的素直牙条向内缩进，腿足上端的榫头相交于垛边的榫眼中，与案面形成垂直的三层落差。腿足与牙条沿外轮廓勾勒出一道阳线，立见挺拔。腿足底端镂挖出卷叶形装饰。前后足间施双混面的罗锅式梯子枨，使四处平直的构架产生了舒缓的韵律。

此种插肩榫结构的平头案，在苏北地区也出现过柞榛木、柏木或髹红漆的案例，是维扬地区插肩榫案类的一种变体。

2004年前后出自苏北地区。

北京私人藏。

# 40. 榉木独板面插肩榫翘头案

长 201.5 厘米
宽 41.5 厘米
高 81 厘米

案面独板，翘头与抹头一木连做，冰盘沿上部齐平，下部踩出凹面后再压边线。

腿足底部做成卷叶式轮廓，着地处挖成银锭式小足，在糟腐的表层下隐约有浅刻的塔刹纹。塔刹纹上起一炷香线，把腿足分成两个平面，再起边线。腿足中部饰卷叶纹，颇似宋人所描述的"鹤膝棹"。腿足上端出榫与案面结合，上截开口，外皮削出两道斜肩，尖部留榫，可纳入上方的榫眼中。

前后腿足间用梯子枨，倒棱并做委角线，上下齐平，前后立面中起剑脊棱，踩出两道凹面，线脚繁简适中。

牙头与牙条一木连做，中起壶门轮廓，挺拔有力。对应腿足相交处，也剔出八字槽口，以便与下方相互嵌夹，形成牢固合理的结构。牙头左右各透镂出卷云一朵，两侧再用牙尖呼应，牙条与牙头沿边起阳线。

这类插肩榫的翘头案在苏北地区常有发现，以榉木、柏木居多，长度多一米二三，超过二米的相对少见。

此案由台湾行家2010年前后售出，他原购于天津潘姓行家之手，更早信息尚待探寻。

北京私人藏。

# 41. 天然木矮几

面径　55 厘米
高　40.5 厘米

传统天然木家具，除小型案上几外，一般把奇形怪状的树根或长满疙瘩的古藤稍作修整后巧妙拼合。此几为一段柞榛木树根巧雕而成，独树一帜。

几面自然随形，心材中部有填塞木，此也证明“十柞九空”之说。填塞木周边纹理清晰，如涟漪水波。

几面下根须盘旋扭转，透漏有致，极富层次感。心材与边材的色彩交错，又为此几增色不少。

通体形态诡奇，包浆醇厚，浑然天成，古朴逸致。

此几原为上海藏家收藏，因辗转多次，竟无从寻其来源。从皮壳上判断，极有可能为日本回流之物。它的尺度与凳接近，日本承袭我国唐宋席地起居之习，作为“几”使用的概率大于“凳”，故定为几。

笔者藏。

# 42. 天然木黑漆撒螺钿面矮几

长　78 厘米
宽　41 厘米
高　33 厘米

此几从高度及形态看，有可能就是大型天然木卧具上使用的几，由几段天然木依形审势加工修整后自然衔接而成。根须弯折绕做几足，外翻形如兽足。面用杉木随形做胎，用竹销与下部连接，髹饰漆灰。漆面用扬州地区传统撒螺钿工艺，富于变化，是人工和自然的巧妙结合。

维扬地区早就流行天然木家具，最为著名者是现藏故宫博物院的“流云槎”，以镌刻明代诸家题铭而著称。

2016年采集于扬州地区。

笔者藏。

# 柜架类

# 43. 柞榛木三层架格

| | | |
|---|---|---|
| 长 | 74 | 厘米 |
| 宽 | 37 | 厘米 |
| 高 | 113.5 | 厘米 |

架格是从立柜、立橱发展简化而来，明末方以智在《通雅》“器用”中考证：“今之立馈，古之阁也……阁者，版格以庋膳馐者，正是今之立馈。今吴人谓立馈为厨者，原起于此。以其贮食物也，故谓之厨，俗作橱。立馈亦作立柜。阁、柜一声相转。”架格大多不用门和侧板，仅在四足间承架格板，将空间隔成若干层，用以陈置、存放物品。书斋中的架格一般用来放书，故有“书架”“书格”之名。

此架格以柞榛木为材。腿足用扁圆材，四足之间用四道横、顺枨连接。枨内打槽装柞桑木板，底部层板下用两根穿带承托，中部两层省略不用。顶层穿带安装在装板的上部，并在穿带上端两侧开槽，嵌装三段软木板，形成上下皆与横枨齐平的效果。底枨下、腿足间四面安素混面的罗锅枨，紧贴上方横枨，其罗锅枨的弧线曲度与南通地区所制椅、桌类中的罗锅枨一般无二。

架格每层三面设围栏，做法特殊，上方横材与栏板一木连做，嵌装在对应位置的槽口内，既追求了形式美，又免去了长条拼缝，一举两得，坚实耐用。

2016年前后出自南通。

北京私人藏。

# 44. 黄杨木三层架格

长 88.5 厘米
宽 43.5 厘米
高 187 厘米

黄杨木生长缓慢，材质细密，难有大材，一般用作雕刻的材料，在家具制作中多以之点缀嵌饰，除平面镶嵌外，还用以制作卡子花、矮老、绦环板等。通体用黄杨木制成的大型家具极为罕见。

此架格用方材，横竖材正侧两面倒圆成混面。四足之间用五道横、顺枨连接，共分三层。枨子打槽装板，每层下用两根穿带，最上面一层穿带在装板的上部，以期保持看面的平整。

上部两层设围栏，攒框做，两端出榫与四足连接，如同一副扇活。背部围栏用立材分隔出三格，两侧围栏按比例分隔出二格，每格内装绦环板。绦环板居中锼出海棠形透光，沿边起阳线，相邻左右挖出起阳线的透光圆孔，苏北民间俗称“炮仗筒”。此种绦环板的透光造型，常见于苏北地区架子床、衣架、座屏、隔扇的绦环板装饰，有一定的地域特征。

第二层搁板下安扁而宽的抽屉两具，前脸居中安白铜铎形吊牌。最下一格空间高度大于上方两格，不设围栏，四面全敞，与上方形成了一简一繁的对比。底枨下用素牙子，牙头与牙条背部采用苏北惯用的揣揣榫结构。

2016年前后购自香港典亚艺术博览会，系海外回流之物。

北京私人藏。

# 45. 黄花梨镶楠木三抹门圆角柜

长 76 厘米
宽 45 厘米
高 117.5 厘米

“圆角柜”“方角柜”是北方惯用的称呼，而在江南一带，如江苏、安徽、浙江，民间通常称为“橱”，如衣橱、书橱、碗橱、药橱等。江南对“柜”的认知，则是一种低矮的箱式带足或有托架的贮藏用具，如钱柜、画柜、冰柜等。从明万历《鲁班经匠家镜》中可看到此种称谓的区别，如通过“衣橱样式”的文字描述，可推测“橱”为带柜帽的圆角柜造型；通过“柜式”的描述，又可识别“柜”为一种箱式方角柜的样式。惜书中无附图说明，尚待细考。清人李渔《闲情偶寄》中也曾述：“造橱立柜，无他智巧，总以多容善纳为贵。”同样说明“橱”和“柜”是属于两种不同制式的家具。“橱”“柜”并称是随近现代生活中发展出来的一种混称，南北理解各异，故本文按约定俗成，暂以“柜”名论述。

此柜高一米余，属小型柜。柜顶边抹用透榫攒框装板，格肩榫做法复杂，下方格角，上方呈“卍”字角接合，大边在抹头相交处留出薄片，掩盖抹头尽端的断面，仅在角尖处格角相交。此种做法的目的是为腿足上端的出榫留出余地，是一种讲究的做法。

腿足侧脚显著，外圆内方，隐现碗口线。两侧山装楠木两拼板，背面用通长软木板拼合，披麻挂灰髹黑漆，断如鱼鳞。

柜内设隔板二层，分为上中下三格，髹漆灰。正面设闩杆。柜门三抹，上段装落膛起鼓呈海棠形的绦环板，下段装纹理对称的楠木板。门框上下两头伸出门轴，纳入对应的承轴、臼窝，可拆卸。

正面底枨安装位置比侧面底枨高（常见者等高），出透榫与腿足相交。其形态别具一格，挑出凸沿，上部隆起成弧面，下压碗口线。底枨下三面设刀牙板，正面牙板沿边起碗口线。

柜门上的铜饰件位置偏低，推测下部原有底座。

左扇门背部的三段长方空间里，用朱漆分别写有“壬戌冬月”“勤有堂孙”“印木邺架”。“邺架”出自唐韩愈《送诸葛觉往随州读书》诗：“邺侯家多书，插架三万轴。”邺侯即李泌，后人以“邺架”指代藏书处。

2018年出自盐城建湖大孙庄孙氏家族。

北京私人藏。

# 46. 榉木透格门圆角柜

长　75.5 厘米
宽　40 厘米
高　143 厘米

此柜结构较为复杂。从正面看，它吸收多宝格的布局特点；从左侧山看，它又有亮格柜的特征；整体来看，它仍属圆角柜的一种变体。功用来说应为江南好古之家用来陈设或储藏文玩之用。

看面用横竖枨把空间分成七个部分。其柜帽、底枨、直棂、横枨、门框看面皆起双混面压边线。腿足线脚稍有区别，正中起一炷香线，形成双混面，转角处踩出委角，形成瓜棱形，苏北民间有“芝麻腿”之俗称，其意来源于芝麻蒴果长方形的棱状。

正面上部的两个空格，右安一副硬挤门，左安一副透格门，透格门框内安圈口牙板，格角处镂出卷云纹，顺延一周，轮廓边缘起阳线，有波浪起伏之感，云纹间又用卷叶纹缠绕蔓延，纹饰变化丰富。

下一层安明抽屉两具，高至人的腹际，装铜吊牌。

再下一层，左侧装一副修长的硬挤门，右侧再用横枨分隔为两层。右侧上层设单扇透格门，内装透雕圈口牙板，纹饰布局出现变化，透空部分变为方形，上下牙板正中增设如意云纹，勾连两侧的卷叶纹。对应单扇门的铜饰件，相邻直柱的位置也添设铜饰件，既免单调之嫌，又可上锁。右侧下层为对应上方的硬挤门。

柜两边侧山偏上设单腰枨，右侧山分为两截装板，左侧山上截安圈口牙板，下截装板。圈口牙板格角处透镂出两卷相抵猫耳朵式卷云纹，与正面对应部位形成阴阳变化。上牙板做出壶门弧线，其余三侧为洼膛肚形，线形柔婉，打破了轮廓的一致性，收效甚佳。

最下层腿足间三面装牙板，牙头亦为猫耳朵式卷云纹。

此柜2000年前后出自南通地区，与此造型类同的透格柜，当地曾出现多具，有一定的地域代表性。

北京私人藏。

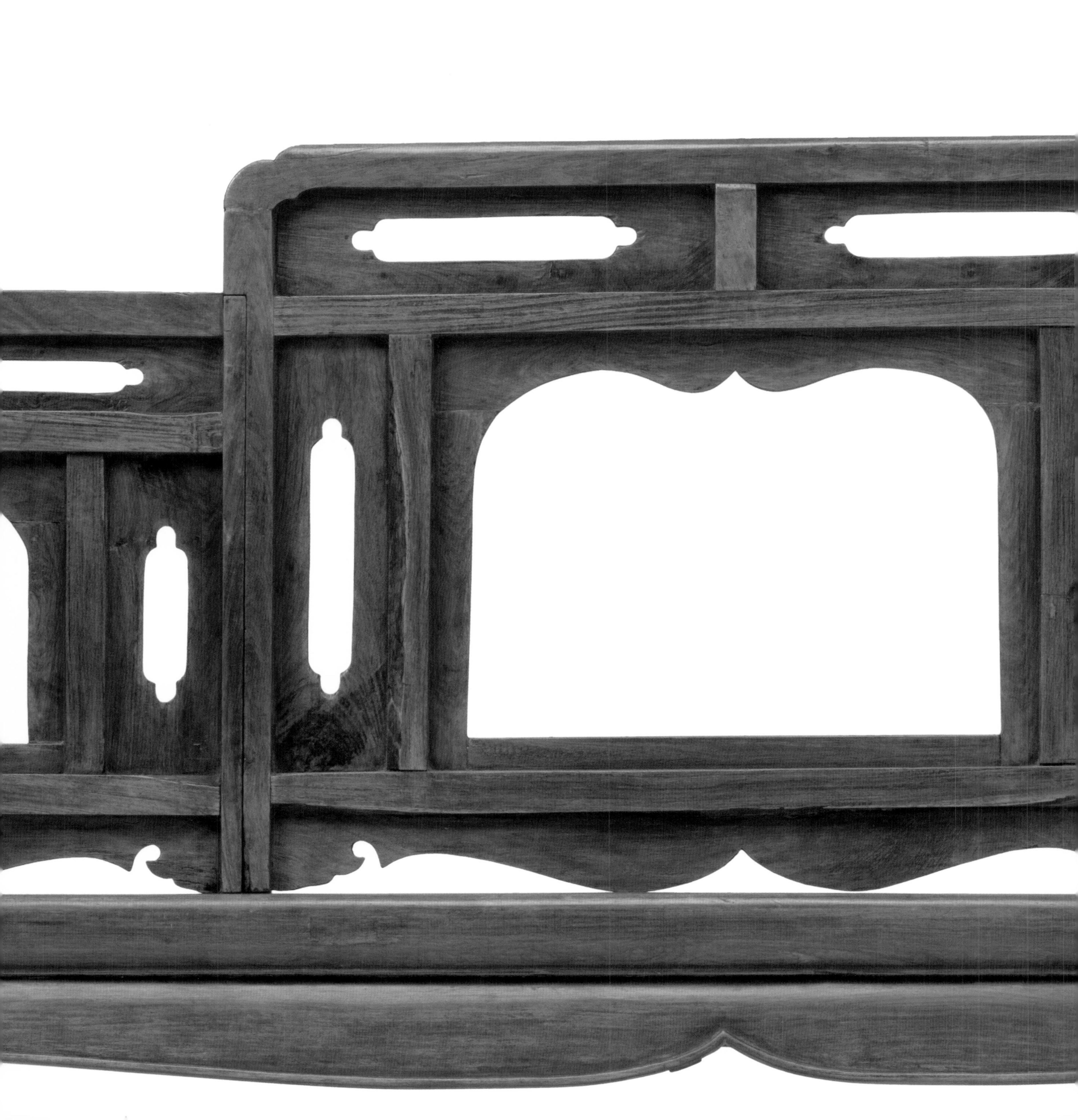

# 床榻类

# 47. 黄花梨高束腰马蹄足榻

长 189.4 厘米
宽 81 厘米
高 45 厘米

此榻与《维扬明式家具》“实例编”所录件73（第252～255页）黄花梨有束腰马蹄足榻尺寸、造型接近，属独眠床，但它的束腰高于边框的厚度，故为高束腰式。

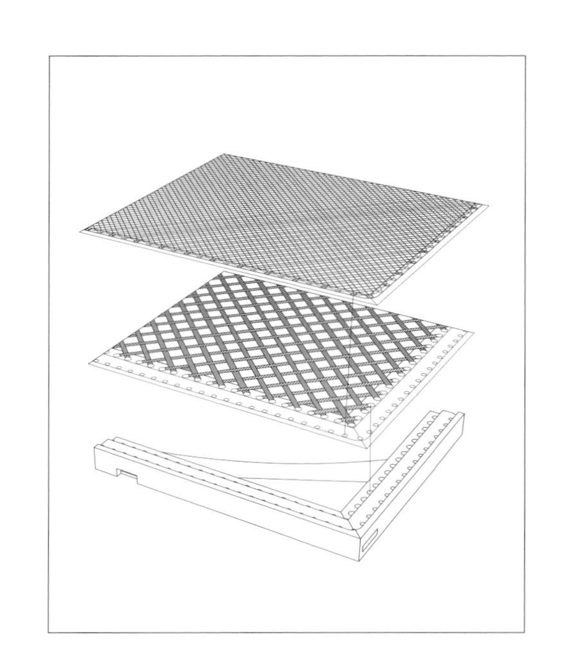

榻边抹格角攒边，冰盘沿线也与前者相似。不同的是，边框里口不使用踩边打眼、织软席的常规做法，而是在两条大边内侧栽榫，承接活屉。因不设托带，为加强对活屉的承接，在腿足内转角上端挖缺，填塞活动的木块，使活屉的承重均匀分散到四个角上。

为了加强腿足与两侧牙板的连接，且保持外观的整洁，腿足内角上部在同一孔洞内呈八字形打入较长的两根销钉。马蹄足内角抹圆，截面呈扇形，更显柔婉动人。

原活屉丢失，其结构值得推敲。如按常式，势必增加边框座面的宽度，极大影响观赏效果，且比例不相称。承经验丰富的上海藤工张正华先生见告，活屉中有一种内沿分两层踩口（三层软屉）的先例。具体做法是在屉架边框内沿踩出两个台阶，最下面的一层靠内打屉眼编织棕绳，再靠外交叉打屉眼编织藤席为第二层，此两处透眼的下方开出两道槽沟，软屉编成后，槽口再用木条填盖，外观洁净平整。最上一层踩口做内圆角，通过一周缠绕的藤条压边覆盖藤编屉眼，相当于压条，此种做法既利于分解藤与棕各个方向的拉力，又为藤条掩饰屉眼创造了条件，是一种既科学合理又美观的方法。

2015年出自南通市郊县。

北京私人藏。

# 48. 黄花梨独板围子有束腰罗汉床

长 209 厘米
宽 94 厘米
高 76 厘米

罗汉床质朴简练，柔婉优美。经反复比对，各构件选材色泽、纹理统一，系一木所出，属一木一器。

床座上方三块独板围子做法奇特，系一木斜开，上舒下敛，此法既保持了比例的均衡，又节省材料，且减轻了围板的重量。为弥补上下厚度不均造成的视觉落差，围板上端抹成斜坡向外翻转，外高内低，既加强了视觉上的厚重感，又舒缓了人体接触面。后围子两端拍抹头，两侧围子为加强连接，后端直接出榫，与后围子采用走马销连接。三块围子的背部又采用减地隐起的手法，形成一道素券口，平素中生出意趣，由此可见古代匠师在处理实用与美学结合方面的高超水平。

床座为有束腰三弯腿造型。座面框架内踩口打眼装软屉，底部除用弯带外，四角均加八字带支撑。床座面框架内的踩口，深不到3毫米，并不具备利用木压条掩盖藤棕眼的条件，修复时参考了上海明万历潘允徵墓出土木榻模型席面收口做法。

腿足顶端两头出透榫与边抹相交，并把透榫端部锯开，挤入木楔，即破头楔做法，易入难出，这是硬木家具中较原始的一种榫卯方式。

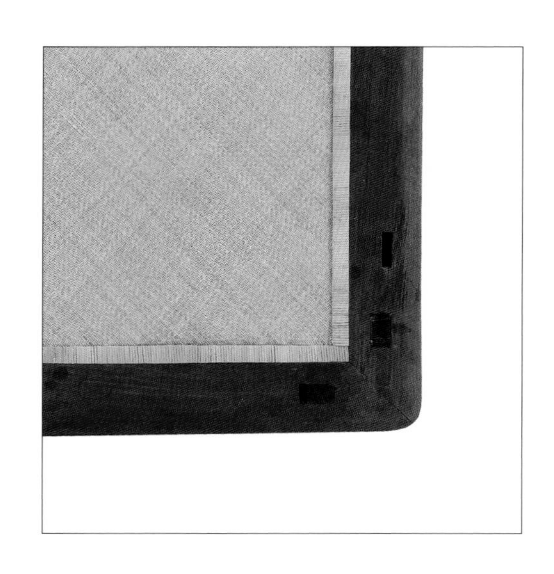

因材料所限，前后牙板与束腰分体做，左右牙板与束腰一木连做，牙板相对较薄。为防止弯翘，背部使用穿销与边框底部连接。正面牙板与腿足沿边有阳线，起勾勒强调作用，其余三面平素。

三弯腿至底端卷球而终结，足底有银锭式垫足，与腿足一木连做而成，有翼然飘举之感。此种腿足造型与扬州地区发现的柏木高束腰三弯腿供桌腿足较为相似。罗汉床腿足上端与牙板斜格肩交于束腰上，此做法很可能是从髹饰家具的结构中过渡而来。

此床2017年出自苏北泰州地区，也是笔者目前唯一所见外翻卷球式腿足、独板三屏的黄花梨罗汉床，堪称孤例，其珍贵程度不言而喻。

北京私人藏。

柏木高束腰三弯腿供桌

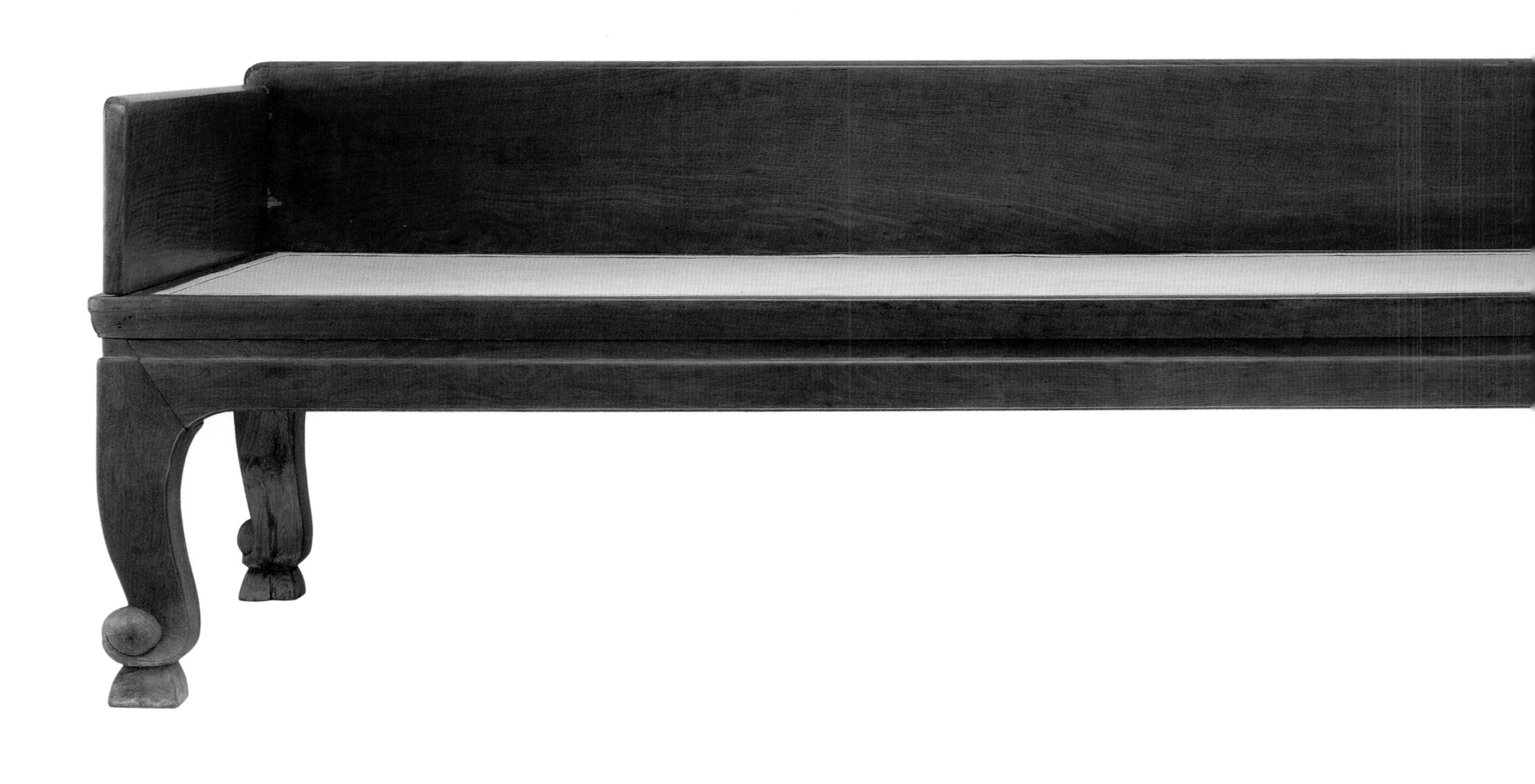

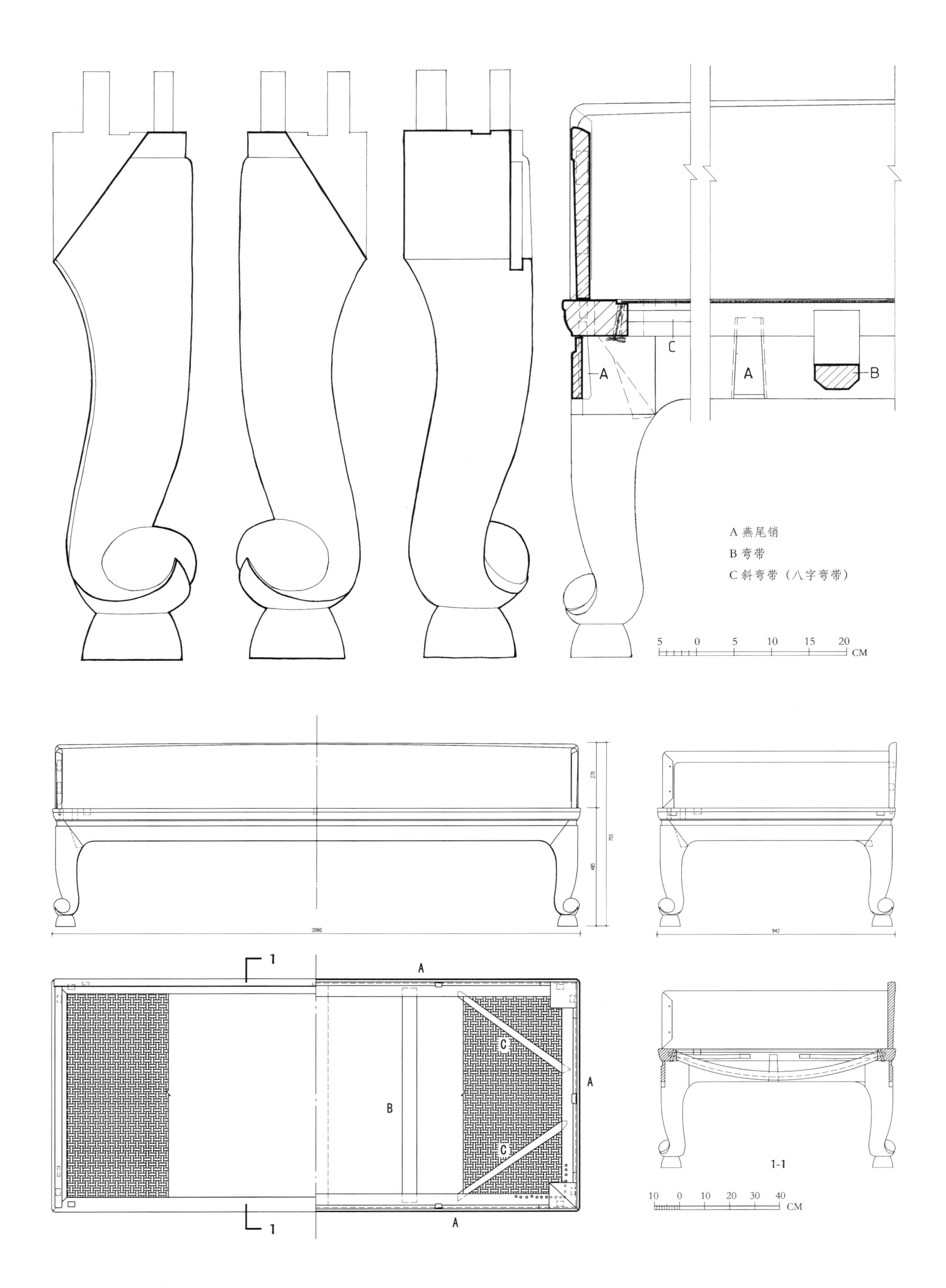

A
C
A
B
A 燕尾销
B 弯带
C 斜弯带（八字弯带）
5 0 5 10 15 20 CM
2090
942
1
1
A
A
A
B
C
C
1-1
10 0 10 20 30 40 CM

## 49. 黄花梨镶大理石有束腰五屏罗汉床

长 217.3 厘米
宽 105 厘米
高 102 厘米

我国古代屏类家具中以石为材的做法甚早，汉《西京杂记》中就有云母石屏风的记载，唐李商隐《嫦娥》中也有“云母屏风烛影深”诗句。明人遵古，崇尚自然装饰，用石制屏之风日盛，开石解玉的工艺也有所改善，文献记载也较多。明初《格古要论》记载土玛瑙石的开采与用途：“大者五六尺，性坚，用砂锯开板，嵌桌面、胡床、屏风之类。”文震亨《长物志》中提出：“屏风之制最古，以大理石镶下座精细为贵，次之祁阳石，又次之花蕊石，不得旧者，亦须仿旧式为之。”屏扇镶石因分量过重，故多用于承重均匀、结构稳固的座屏风，床围屏使用则相对少见。

罗汉床浑厚凝重、意趣高古。围子五屏式，后围三扇，两侧各一扇。后围居中一扇最高，左右次之，两侧最低。屏扇出透榫攒框做，宽大平直，中镶大理石，纹理如层峦叠嶂。为防止石板松脱，屏扇框架格角处施用大销钉加固。各扇之间则采用走马销连接，严密整洁。

床座用材硕壮，座面边抹宽12厘米，厚7厘米。冰盘沿线分三层递减，借以消减立面的厚重，并突出下部构件的雄浑。床面框架内踩边装软屉，其下除用柞榛木双弯带支撑外，四角处另设八字带支撑。

腿足底端挖出扁小马蹄，上截露明，与边抹下部及牙条上部形成的狭长空间内开槽口，嵌装束腰。为防止构件之间分离、闪错不齐，束腰与牙板不仅在里皮采用穿销，而且各个结点的外皮也施以销钉锁定。牙腿沿边缘起宽扁打洼皮条线，格外醒目，为点睛之笔。

此床后围屏居中的一块高达53.5厘米，超过床座的高度，显然是受到唐宋以来具备礼仪、实用双重功能的高围屏床榻的影响，可视其为硬木制品的早期造型特征。

2000年前后由河北行家购自苏北。

香港私人藏。

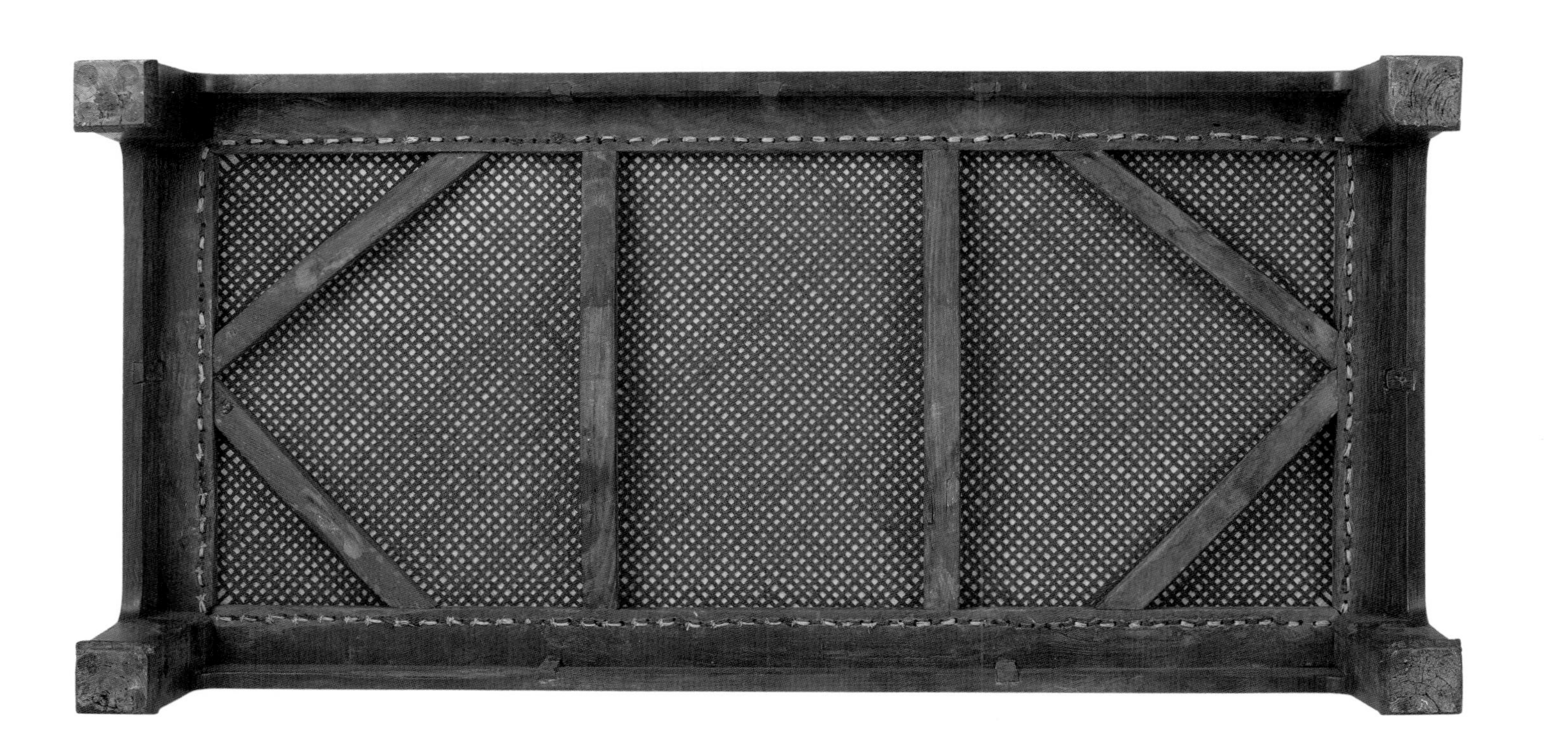

## 50. 榉木镶楠木瘿四柱架子床

长　215 厘米
宽　133 厘米
高　202 厘米

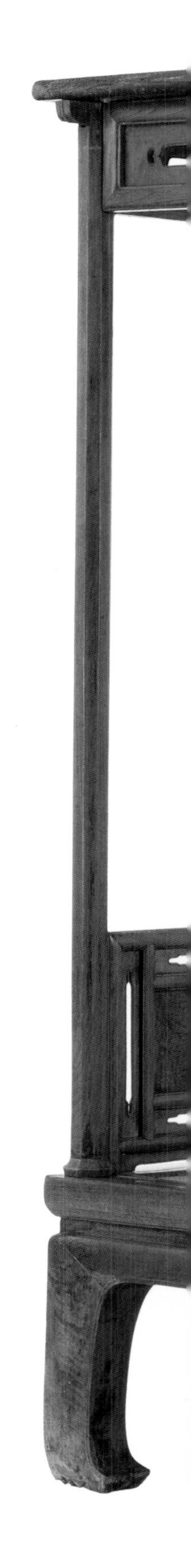

此为不带门围子架子床，榉木镶楠木瘿而成，清新悦目，无单调之嫌，允称明式榉木家具中的精品。

四柱，呈八棱形，柱底出榫套接覆盆式八棱柱础，不仅增大了柱体承压的面积，又使平直的线脚产生视觉变化，还兼具嵌夹围子的作用。

前端立柱顶端开十字槽口，与楣板上横材成十字交叉状，两横材相交处不采用各切去一半合成一根厚度的做法，而在正面一根两端左右外皮各剔去材厚的三分之一，直接嵌入柱端的槽口内。侧面横材实为两段，靠柱端一侧均做成燕尾榫，分别装入柱端的燕尾槽内。出头的末端做成兽首状，外观又似柱与枋末端结合时采用的箍头榫。后柱楣板横材采用丁字形交叉式拉结，或出于靠墙节省空间的考虑。

四面装横楣，前后用竖材分成五段，两侧分成三段，内打槽装楠木瘿绦环板。绦环板开鱼门洞，两端又增加猫耳朵式的透光。与此相同造型的鱼门洞，多见于苏北地区床架类的装饰上。

床围采用五屏风式，后三扇采用走马销连接，居中围子上横枨采用盖帽榫，两侧围子处则采用格角榫，可保持三扇围子对接时上端的平整。

围子攒框而成，外框架为混面起边线式线脚，框架内横竖材又转变为剑脊棱式线脚。一个平面内出现两种线脚的转换，装饰效果丰富。后侧围子框架内用三根横材分四段，上下各装带鱼门洞的绦环板两块，左右各一块，屏心装楠木瘿板，底部装窄牙条，沿边起阳线，牙头齐平，直抵下方边框。两侧围子稍矮一截，用竖材分五段，做法与后围子相近。

床座边抹采用双透榫格角攒框，叠涩式冰盘沿，素直牙条，足端挖出马蹄，牙板与腿足沿边起宽扁的打洼皮条线，整体与上方协调。

2003年出自江苏扬州邗江地区瓜州镇一带。

北京私人藏。

# 51. 黄花梨六柱架子床

长 208.5 厘米
宽 140 厘米
高 201 厘米

此件黄花梨架子床造型和装饰手法，是笔者所知最为接近明代髹漆架子床特征的一具。该床表面地子的处理不够平整，匠作技术还不够成熟，说明是硬木家具中制作年代较早的一具。其腿足与牙板的造型及结构，类似苏北地区漆木床座的式样，大致可定为苏北地区的产品。

床六柱，立柱倒棱后再施委角线。门柱不同于常式，与其他四柱等高，直抵在仰尘边框上。四角立柱与顶部仰尘边框的结合借鉴了大木梁架结构，其交接处上下各切去一半，形成等口和盖口，合成一根的厚度，交叠处居中，再凿出方形透孔，立柱顶端出榫穿入，其出头的末端又倒成三叉头形。此处结构与内蒙古翁牛特旗解放营子辽墓出土木椅、河北宣化辽张文藻墓出土木椅的座面前方结构极为类似。

立柱间横楣子仅做一面，因门柱直接与仰尘框架交接，故将之分隔成三段。中间框架不采用常规的格角榫，而采用格肩榫，并用一根横材居中分成上下两部分。上部用短小竖材分成四格，分别装有鱼门洞的绦环板，鱼门洞内边缘起较高的阳线。下部用壶门牙板，两端镂出卷云牙头。两边楣板镶装单绦环板。

门围子攒框做，上横材两端呈委角状，采用盖帽榫的做法，与竖材连接。此种结构及线脚多出现明代髹漆座屏中，运用到架子床的实例，可见于王正书《明清家具鉴定》中安徽黄山市潜口村明代方观田宅中的软木六柱架子床的门围子（王正书《明清家具鉴定》第15页，上海书店出版社，2007年）。门围子框架内用两根横材分成三段，上段用竖材分成两格，中段居中装以壶门式鱼门洞屏心，两侧装以海棠形鱼门洞绦环板，下段装以壶门牙板。

两侧围子低于门围子一截，不设屏心，而通过横竖材分隔空间，分别装入造型不同的鱼门洞绦环板，虚实变化，活泼明朗。

后围子为三屏式，其造型与宋佚名《维摩图》（台北故宫博物院藏）中的床围子、山东明洪武朱檀墓出土的罗汉床模型围子较为接近。其居中一段高出，中间用子框隔出屏心，装壶门式圈口牙板；上端和左右留出空间，嵌装带鱼门洞绦环板；底部装壶门牙板。三扇围子连接方式特殊，不采用传统的走马销，而是采用类似插屏的结构，紧邻的竖材左右各剔除一半，拼合后形成一根的宽度，左右两扇的竖材两端出榫，上方插入中扇边框上的榫眼，下方插入床座上的榫眼。

床座下方不设束腰，为突出腿足上方肩部的弧面，壶门牙板两端采用近似齐头碰的小斜度格肩做法。由于牙板用材相对单薄，故在牙板背部、两腿足内上端另加横枨支撑，此做法多见于苏北地区有束腰但不使用直枨、罗锅枨、霸王枨的桌类家具中。

腿足内翻卷球，侧脚显著。为呼应上方立柱的线脚，腿足倒棱起委角线。足底遗有榫眼，故推测原物应有垫足或托泥。

2016年出自欧洲私藏，具体来源有待进一步查证。

香港私人藏。

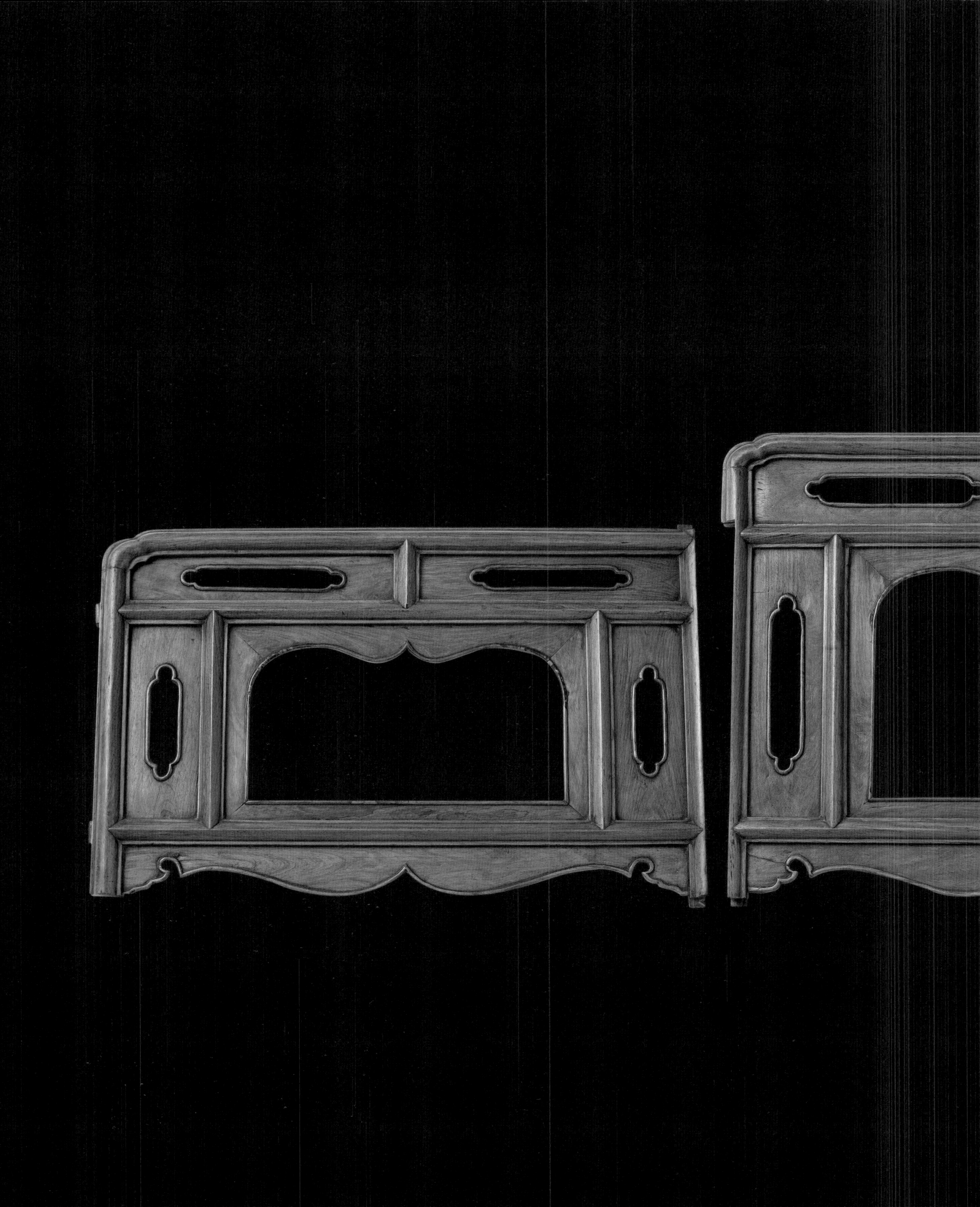

# 52. 柏木六柱架子床床座

长　212 厘米
宽　128 厘米
高　54.5 厘米

座面用两层叠加的立帮。内设八根托带，与腿足内角上端平齐，其中两根交接在前后腿足之间，如同侧面牙板背部设枨的做法，共同承接活屉。边框中间挖成束腰状，将之分为上下两部分。上部边框踩出边沿，唇口外翻，再形成凹凸弧面，至底部压边线，此种线脚多见于苏北地区所制椅具座屉和高束腰条桌边框处，有一定的地域风格。下部紧随束腰下的弧面立帮上踩出一道弧线，相当托腮的效果，立帮厚实，居中减地挖出扁长的海棠形开光，增加了层次和韵律。

边框下方直接与壶门曲线式的膨牙相交。牙板两端和腿足斜交，相交点向内移进较多，与前例一脉相承。腿足溜肩，至底部向内兜转为卷球状，其上再锼出卷叶纹，与腿足内角结合，既填补了空间，增加了变化，又加强了构件之间的连接，可谓妙笔生花。壶门牙板与腿足正面沿外轮廓起一道灯草线，浑然一气，其余三面省略，与前例床座做法一致。足底承扁圆球，系与腿足一木连做。下部通过栽榫与扁方形托泥框架相接，托泥踩出委角线与上部呼应。

此床座刚健豪放、朴拙凝重，颇显苏北地区早期床座造型意趣。

20世纪90年代末直接购自南通城郊农户家，惜上部构件早已丢失，前册未予收录，此件与前例黄花梨架子床座结构有异曲同工之处，故又作补充收入。

笔者藏。

# 53. 黄花梨六柱架子床

| 长 | 210 | 厘米 |
| --- | --- | --- |
| 宽 | 162.5 | 厘米 |
| 高 | 217.5 | 厘米 |

床六柱，圆材。立柱和门柱下设鼓形柱础。柱间下段用较细的圆材攒框做围子。围子上端转角倒成委角状，中间用横枨分成二段，上段用十字连委角长方格，委角连接处似竹节，纹样绮丽，近似《园冶》描述的绦环式；下段用短材分隔为两截，形成上密下疏的视觉效果。

四面挂檐，用竖材将前后两面分成三段，两侧分成两段，打槽装带鱼门洞的绦环板，鱼门洞两端增设带猫耳洞的孔洞，透空边缘起碗口线，以呼应下方。两侧挂檐绦环板四个上角均开圆孔，相应地，紧邻圆孔的仰尘内侧安四个带垫钱的铜屈戌，用以穿插或钩挂罩帐的横杆，从而证实王世襄先生强调的，凡带有门围子架子床，帐子一般挂在顶架之内的说法。

床座因内承活屉，框架立帮甚高，冰盘沿分二层，仿佛倒置的盝顶式箱盖。

腿足上截露明，其结构与高束腰条桌、方桌、长方凳等的结构类同，但束腰的高度小于边框的厚度，故不能称之为“高束腰”。

腿足内翻马蹄，上端和牙板用抱肩榫连接。牙板和腿足沿边起碗口线，线形柔婉优美。腿足顶端内角超出底框的高度，留出一截，形成平台，以承接活屉。为加强腿足与牙板、束腰、边框之间的连接，除背部用穿销外，在腿足上部后侧分别钻眼，采用长暗销加固，保持了外观的整洁。

此床2004年出自南通海门包场镇，该户还曾售出一件与此床床座造型、尺寸大致相同的榻。据经手人回忆，它们陈设的形式绝无仅有，即架子床、榻同置于一组巨大的地平之上。地平由8块组成（后残剩6块），总长近8米。地平之上，设多根立柱，四面设围栏。两床之间相隔1米见宽的廊道，床前各有廊庑。立柱上承架顶，顶下周匝有挂檐，宛如一间小屋，是一件真正的“拔步床”，应为私家定制之物。遗憾的是除榻和架子床完好保存外，其余各部件均被分批售出，散落各地，有的可能已作为材料或其他家具的配饰。笔者根据当年参与经手人提供的线索，逐一调查走访，获得一些实物残件信息，绘图示意，以期还原其盛。清康熙《张竹坡批评第一奇书金瓶梅》插图中见有带碧纱厨拔步床，可作参考。

北京私人藏。

清康熙　《张竹坡批评第一奇书金瓶梅》插图

黄花梨拔步床复原图（黑线表示现存部分）

黄花梨拔步床的外围子等构件

黄花梨拔步床的门围子

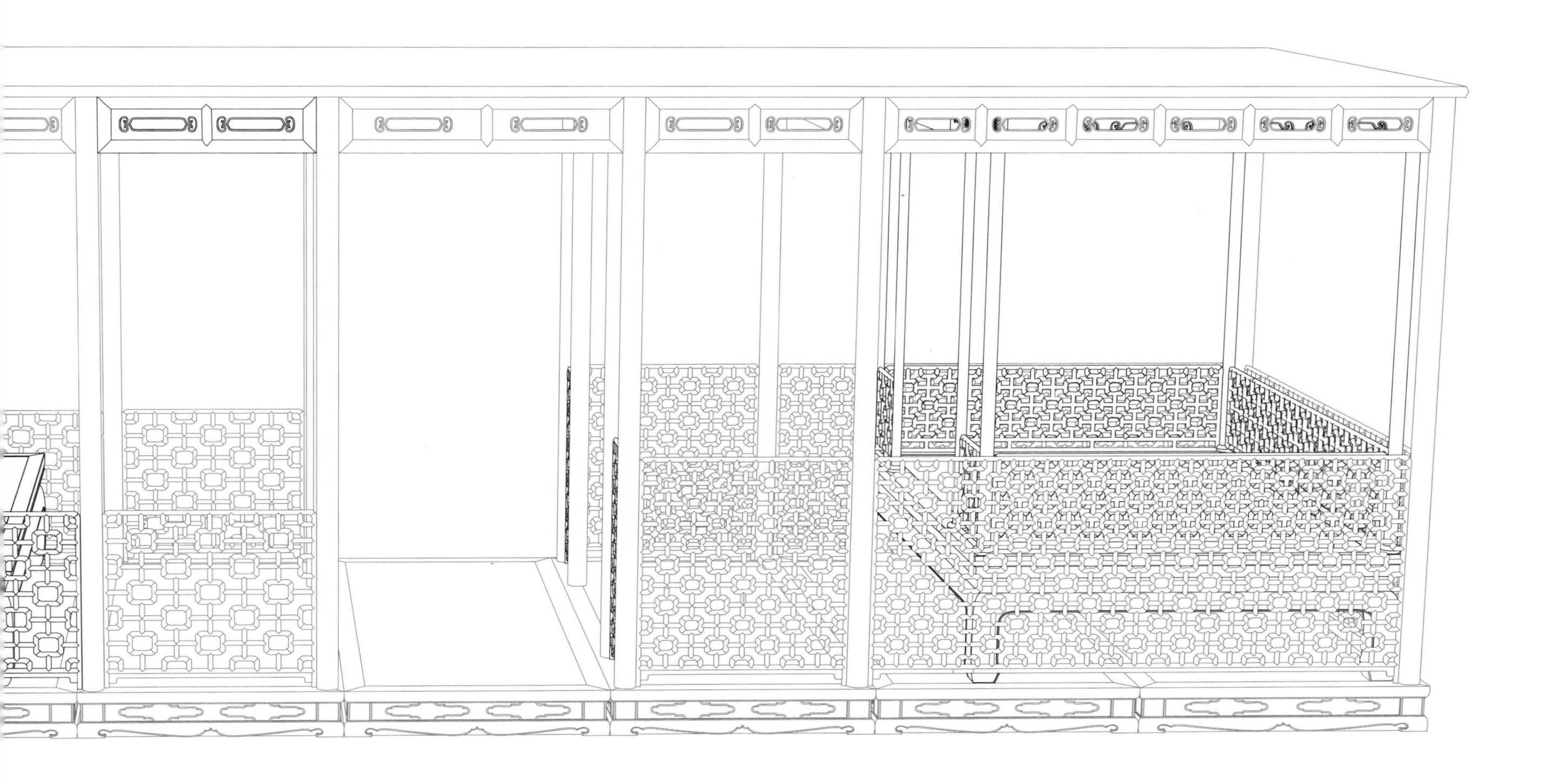

# 杂 件 类

## 54. 黄花梨镶石座屏

长 33.5 厘米
宽 16.5 厘米
高 41.5 厘米

座屏是我国出现较早的家具品种之一。湖南长沙马王堆汉墓出土的木胎漆彩绘座屏，乃目前见到最早、最完整的实例。

座屏早期的功能不仅用来挡风，还兼具遮蔽和界分空间的功能。随着居住功能的逐步转换，除大型落地座屏外，座屏退化为案头陈设的装饰用具。

座屏分大、小型，大的一般为落地屏，小的有枕屏、案屏、砚屏等。其结构又分两种，一种屏扇和底座连为一体，称之为座屏；另一种屏扇和底座分开，可装可卸，称之为插屏。

此件属小型座屏。上部用扁阔竖枨（即立柱）两段、横枨三段攒成一副框架，形成两个长方形空间。上段横材与立柱格角相交，中段及下段用齐头碰榫，立柱下端出榫，插入下方底座。两个长方空间，上部装黑黄相间的云纹石屏心，画面云水迢迢，有渔歌唱晚之意境；下部装一木透锼“卍”字纹的绦环板，玲珑通透。

底座用两块拱形墩木和两块披水牙板做成。披水牙板锼成壶门式轮廓，墩木与之呼应，挖出壶门亮脚。站牙做成卷草形，与立柱抵夹，因用料较薄，故基本无力学作用，但颇具装饰效果。

整器通体不设一线，屏扇处处棱角方正，古拙雅致，屏座却运用曲线，形成反差，相映成趣，一见令人瞩目。

2015年由河北行家购于苏北盐城地区。

河北私人藏。

## 55. 黑漆镶石座屏

长 39.4 厘米
宽 20 厘米
高 50.5 厘米

座屏木胎，上敷掺螺钿屑漆灰，有一定厚度，黑色漆地布有银色碎沙粒，密而均匀，灿若繁星。

此座屏与前件造型、结构相仿，屏扇用扁方材攒出框架，顶端转角处内外施圆角，中用横材分成两个大小不一的长方空间，上装灰白两色的云石屏心，画面层峦叠嶂，气势磅礴。下用竖材再界分出两个委角长方格，分别嵌入黑白相间的云石板，两面贴带委角扁方形的圈口。圈口边缘起碗口线，方圆规矩，见棱见角。分段贴圈口装石板的做法，多见于扬州地区所制圆角柜、方角柜的柜门装饰，有一定的地域代表性。

底座用二块墩木和披水牙子做成。墩木曲线似变体夔龙纹玉璜，线条流畅。披水牙板与上例基本一致，呈壶门式。站牙为变体夔龙式，与立柱相抵夹。底座的各个构件外轮廓均隐起一道碗口线。此处采用碗口线，是因为这种线型便于髹漆，也可佐证碗口线的应用当自漆家具始。

此屏可视为苏北地区座屏的基本形式。

2016年出自扬州地区。

北京私人藏。

# 56. 黑漆镶石座屏

长 38.5 厘米
宽 19.5 厘米
高 47.5 厘米

座屏通体披布挂灰，髹黑漆，屏扇与底座连为一体，制式高古。屏心和绦环板分别采用两种不同色泽的石材，相映成趣，尚未见他例。

屏扇用扁方材攒出框架，两侧竖材下部出榫，插入下方墩木。框架中部用二根横枨界分出上、中、下三个空间，横竖材看面皆打洼，两边起委角线。

上部空间内打槽装灰白相间的云石。为增加屏心石板与边框的牢靠并增变化，一面四角另贴带委角的木片，形成扁方形圈口，与下方空间呼应。依循屏心石板的脉络纹理，人工錾出斧劈皴般的肌理，呈现出一种欹斜剥落的妙趣，整个画面恍若逶迤的山峦，云腾雾罩，一如仙境。

中部空间用竖材界成三个长方格，两面用薄板镂出海棠形透光，贴在绿纹石板上，一同装入格内的槽口，使绿纹石从开光中显露出来。

下部空间平列三段壸门券口，尚有早期台座式榻的造型遗意，形制与案形结体中的插肩榫类同。牙条上壸门曲线外缘隐起一道碗口线，与腿足自然相接，形成完整而优美的轮廓。

屏座抱鼓墩扁平球状，墩底曲转上翘。披水牙板镂出壸门尖，曲线延伸至牙头的云勾处，与上方呼应。

站牙外形与前例大致相似，但与上部立柱的接触面较大，故具备抵夹的功能。

此座屏近年出自泰州一带，漆灰有局部剥落，露出银杏木胎底，后又被涂罩一层清漆，表面油亮，尚需清理。其可视为苏北地区较早期制品。

南通私人藏。

## 57. 黄花梨、柞榛木带提梁文具箱

长　48 厘米
宽　74 厘米
高　46 厘米

此箱结构类同提梁药箱，中等尺寸。箱体用黄花梨打造，提梁等外框部分用柞榛木，是一具苏北地区材质混做的佳例。

底部用长方框形成底座，两侧设立柱，用瓶形站牙抵夹，上安罗锅式提梁。提梁一波三折状，中段微向下垂，曲如鱼肚，柔和舒缓。构件相交处均镶嵌铜饰件加固。

箱体不采用攒框结构，而用薄板以暗燕尾榫连接，牢固稳定。正面两门用一木对开的独板上下加抹头而成，素雅洁净，纹理如同瀑布倾泻而下。铜面叶、合页、拉手，平直方正，与整体风格契合。锁鼻固定在箱内的隔板上，穿出面叶，便于上锁固定。打开箱门，内部同样用独板分为五层。第一、二、四、五层装大小不一的抽屉，第三层中段空敞，靠里又加设一道隔板，便于存放各种异形物品。

现已发现多件黄花梨提盒、提箱外部框架采用柞榛木所制的案例，应是为了利用柞榛木在韧性及受力方面的优势，并非一味追求节省材料所致。

北京私人藏。

## 58. 黄花梨盝顶官皮箱

长 33.5 厘米
宽 26.5 厘米
高 35.5 厘米

官皮箱源自妆奁，是一种便携镜箱，传世实物较多，由箱体、箱盖和箱座三部分组成。早期大多采用插入式门，个别的不设门，直接露出抽屉，后逐渐被双开门取代。从箱顶的造型来说，以平顶为多，盝顶较少。箱盖和箱体可扣合，箱体内设小抽屉若干，既可储妆具，又可储珠宝首饰。

官皮箱全身光素。盝顶盖，造型低扁，苏北民间俗称“馒头顶”。立墙用暗燕尾榫连接，弧面坡顶内设子母口与盖板衔接。

盖下有平屉，正面对开两门，攒框做，内装一木所开、纹理对称的装心板。门框上缘留子口，盖顶关闭后，扣住子口，两扇门则无法打开。箱盖、箱体正面用方直的铜面叶，其上穿孔安如意云形铜拍子及燕尾形铜吊牌，两侧山安“凹”字形铜提手。门后设抽屉七具，由上而下为三、三、一排列，抽屉脸居中装燕尾形铜吊牌。

矮箱座，转角处用铜包角，以防碰撞。前后有打孔，系穿绳索之用。

此箱比例恰当，做工考究，在众多同类中脱颖而出。

2010年前后出自苏北地区。

北京私人藏。

# 59. 柞榛木马蹄足带滚轴脚踏

长　46.2 厘米
宽　31.8 厘米
高　10.6 厘米

脚踏，苏北民间俗称“脚凳子”，是我国古代坐具、卧具前置放的一种低矮家具，用以承托双足，既能调节人体垂足而坐时与地面的高度，也可避免双足与地面的直接接触，使人免受潮冷。带滚轴的脚踏，因具备保健按摩的功能，也可看作一类医疗家具。明高濂《遵生八笺》中介绍最为详实：“今置木凳，长二尺，阔六寸，高如常，四桯镶成，中分一档，内二空，中车圆木二根，两头留轴转动，凳中凿窍活装，以脚踹轴滚动，往来脚底，令涌泉穴受擦，无烦童子，终日为之便甚。”

此件兼具脚踏和滚凳两种功能。用材浑圆壮硕，通体不设一线，风格朴实。面框边沿上舒下敛，呈混面。上面用中枨分隔成两格，一格中用横竖短材攒接出“回”字纹；另一格安梭形轴三根，安装后其中部高出面框，便于足底滚压。

面框下不设束腰。腿足挖马蹄，上端与牙板倒出弧面后和面框直接相交。牙板与腿足的结合不同于常见的抱肩榫，而是将相交点移至面框之下，其目的不仅考虑到牙板与腿足的比例关系，也有调整三者交汇处接触面积的目的。

北京私人藏。

# 60. 榉木夹头榫板足小翘头案

长 39.5 厘米
宽 16.3 厘米
高 11.3 厘米

这种小翘头案（或小平头案、小桌）又名案上案、案上几，起源甚早，洛阳朱村东汉墓壁画已见作为书案或奏案使用的栅足小案，为其雏形。到了高型家具发展成熟的时代，又被作为经案或供案使用，如河北宣化辽韩师训墓壁画有此样式。明清时期，案上案的品类和造型愈加丰富，用途更为广泛，主要承放文具、香具、赏石、坐像、盆景等，为文人案头常备之物。

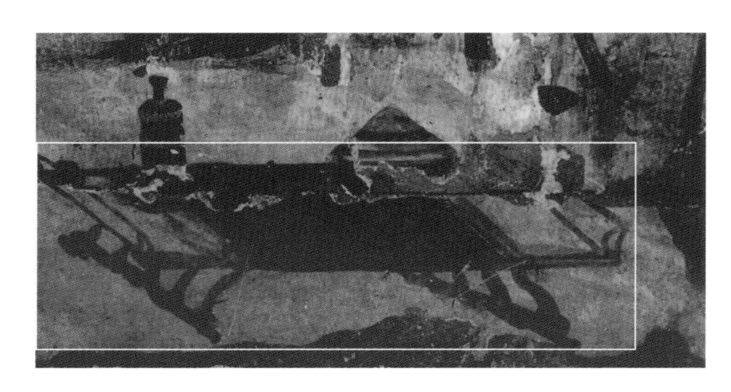

洛阳朱村东汉墓壁画（局部）

案面为独板，翘头与抹头一木连做，案面两端各留燕尾榫，抹头在对应的位置剔出燕尾槽口，从上而下贯入。

板足用两块厚板，居中透锼出卷云纹，刀工犀利，不用一线装饰。板足看面做出混面，再压碗口线。其顶端出单榫与案面接合，单榫下方开口，以备嵌夹牙板，其底部出榫，与托泥连接。板足的线脚顺延至托泥的两端，形成圆弧面。

河北宣化辽韩师训墓壁画（局部）

牙头、牙条一木连做，牙头锼出“牛头角”式云纹，背部剔出槽口，以腿足上端嵌夹。

此案沉稳厚实，比例适当，装饰简练，堪为明式小型家具之经典。另需指出的是，此案各构件连接不用销钉，而采用江南惯用的生漆作黏合剂，可作为江南地区不采用动物膘作黏合剂的例证。

2016年购自安徽黄山地区。据物主称，原先收购于安徽黄山休宁五城镇户家，同出的还有华嵒铭黄花梨小笔筒。此案“牛头角”式的牙头造型与苏北地区样式相符，或为安徽盐商从扬州地区携带的还乡纪念物。

笔者藏。

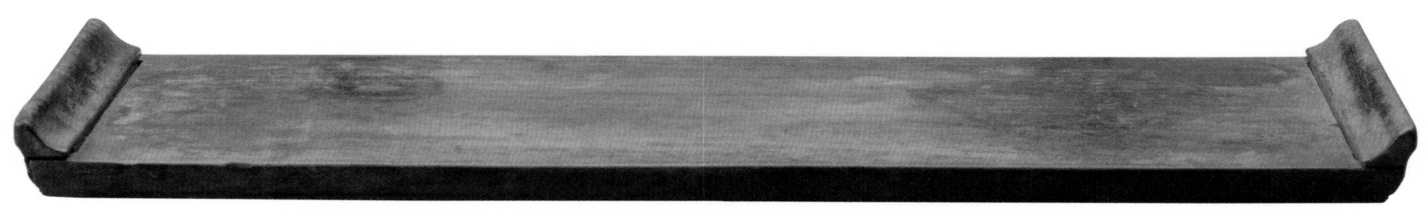

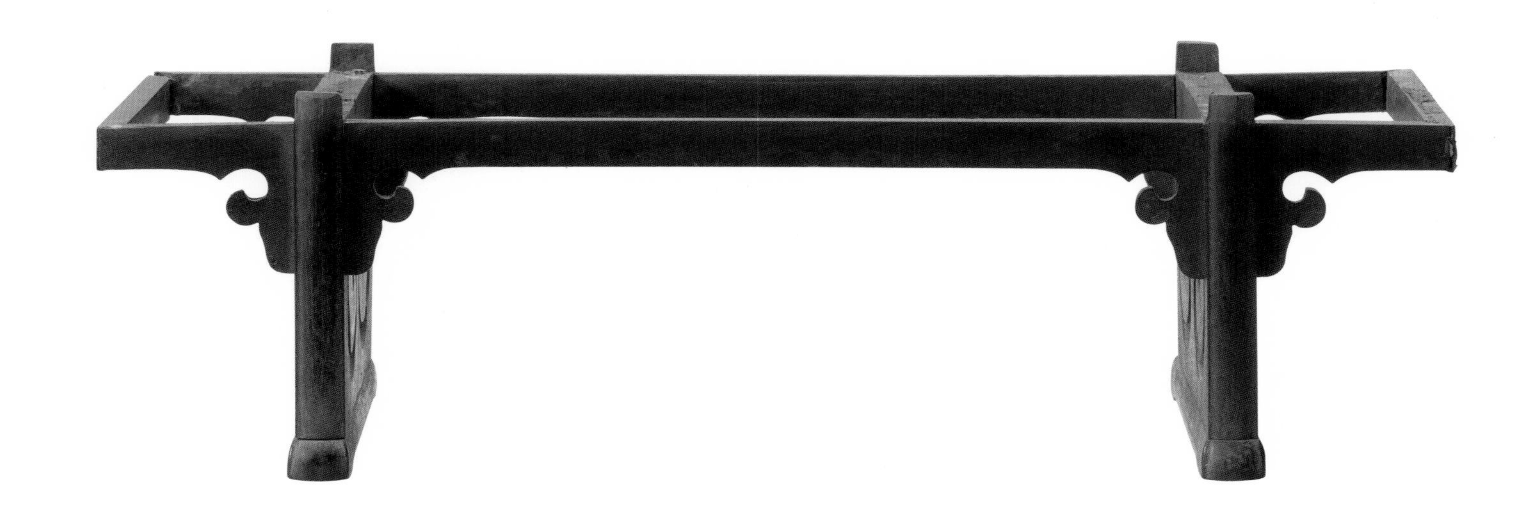

## 61. 黄花梨夹头榫小翘头案

长 67 厘米
宽 26.5 厘米
高 21.5 厘米

此案是同类中较大的一款。

案面攒边打槽装板，面心下设两根穿带。翘头与抹头一木连做，在翘头之下打槽，装嵌板心纵端的边簧。翘头斜向上扬起，末端勾如鸟喙。冰盘沿上为混面，下起一道打洼皮条线。

牙头与牙条一木连做。牙头外形做云纹，在上面铲出卷叶纹，然后过渡至牙板外轮廓成打洼皮条线。腿足上端开口，以备嵌夹牙板。腿足正面起一道打洼皮条线，把腿足分出两个混面，再以皮条线压边，与邻接的构件相呼应。腿足底端出双榫，落在带委角线的托泥上。托泥两端挖出底足。腿足、托泥和上横枨形成的框架内沿开槽口，嵌夹挡板。挡板用厚板锼雕出卷云纹，透光边缘两面起出皮条线，云纹两侧透空处，用连珠加强构件间的连接。

2008年前后出自苏北地区。

北京私人藏。

## 62. 黄花梨夹头榫小翘头案

| | | |
|---|---|---|
| 长 | 38.4 | 厘米 |
| 宽 | 19 | 厘米 |
| 高 | 10 | 厘米 |

此案是同类中偏小者。

独板面，不设抹头，面板尽端木纹外露。翘头用栽榫与面板连接。冰盘沿别出心裁，沿上起一道灯草线，灯草线下混面处微呈上舒下敛之势。

牙头与牙条一木连做，牙头透镂出“牛头角”形的卷云纹。腿足扁方，中起一炷香，分界两个混面，再用压边线，较似劈料的做法。腿足间上方施单横枨，下用横木做托泥，中间空敞，不设圈口或挡板，显得轻盈剔透，新颖脱俗。

北京私人藏。

# 63. 黑漆台座式小几

长 51 厘米
宽 26 厘米
高 11 厘米

此几为台座式家具的另一种形式。以柞桑木为胎，髹黑漆，惜脱落严重，从四侧立面余留处可看出漆灰底较薄，断纹细如鱼鳞。整件器物素雅超然，意韵高远。

几面独板，为不使纵端的断面木纹外露，并防止开裂，在纵横方向做成45度内格角并留闷榫，拼拍半条直木造成的抹头，底部施竹销钉加固，类似箱盒类家具横竖厚板格角接合的做法。

腿足为方材直足，转角处踩委角，上端与面板用粽角榫连接，保留四面平的外形。

腿足间用横竖材攒成变体壶门圈口，厚度与腿足接近，如同一副扇活。两侧及上端栽榫，与对应部位衔接，在腿足连接处施竹销钉。圈口的横材锼挖成洼膛肚，下方落地枨两端呈卷叶式，似从早期台座式家具"局脚"演变而来。圈口沿内轮廓起一道阳线，在下方叶尖处消失，起着勾勒边线的作用。

2017年蒙上海藏家惠让，据称早年得自苏北地区。

笔者藏。

## 64. 黄杨木镶紫檀台座式小几

长 32.6 厘米
宽 16.2 厘米
高 7 厘米

四面平框架结构，做法奇特，造型经典，堪为绝品。

几面用黄杨木攒框打槽装紫檀心板，内转角施圆角，因器小板厚，底部不用托带或穿带。几面拦水线不设在最外边缘，而是向内缩进，凸起一圈打洼皮条线，拦水线转角处内外皆施圆角。

腿足用方材，挖缺做，上端用粽角榫与边抹连接，下端不用托泥而用管脚枨，也采用粽角榫的结构。管脚枨底部锼挖出小足。

正背两面框架用一段扁方立材，以格肩榫与上下部位连接，界分出两个长方空间，再沿内踩出边口，形成两层台阶，靠外的一层作为边框，倒圆角，并沿边起灯草线，靠内下陷的一层作为圈口牙板，并沿内轮廓起一道凸起的打洼皮条线，中间的立材及两侧的圈口牙板实则为一木连做，左右逢源，上下贯穿。

另从几的底部观察到，为了形成立面更大的圆转角，腿足、立材与上下构件的连接处上下各微凸起一截，形如盖帽榫的做法，可见制者之匠心独运。

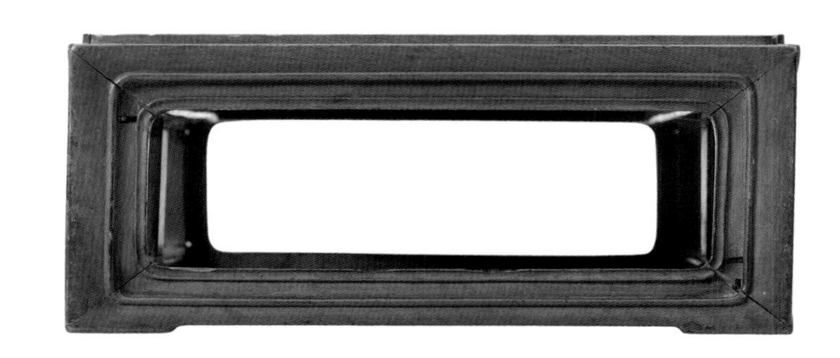

2017年蒙上海行家惠让，据称得自苏北地区。

笔者藏。

# 65. 卢映之款黑漆台座式小几

长 17 厘米
宽 17 厘米
高 18 厘米

小几木胎，髹黑退光漆，几面隐约有蛇腹断。

四面平台座式结构，通体不设一线，腿足内角挖缺做。造型方正古朴，有宋式家具遗风。

台面底部用金漆书铭文“乾隆十年仲春吴门卢映之制”，两足四面分别刻楷书“省斋珍藏”和篆书“映之仿古”。卢映之，扬州名匠，生卒年不详，主要活动于乾隆年间，长于髹漆，技术精湛，尤以善制“周嵌”而闻名。卢氏所制器物，如几、俎、禁等胎子胶合坚固，漆汁透骨，诗人袁枚曾为映之所制都承盘作铭文“卢叟制器负盛名”。受其传带，子卢慎之、孙卢葵生均以髹漆名重于时。

此几2016年购自日本，若没有款识，根据它的造型，很容易误判为日本仿唐宋的制品。铭文明确告诉我们，此几制作的年代为乾隆十年（1745年），与史载卢映之活动时代相吻合。更为巧合的是，此件几的制作时间，与扬州博物馆藏汪廷璋制画案为同一年，更说明了这一时期扬州明式家具生产的盛况，为维扬明式家具的研究提供了一件物证，其历史价值不言而喻。

河北沧州私人藏。

## 66. 王国琛款黑漆台座式小几

长　17.5 厘米
宽　17.5 厘米
高　22.4 厘米

几为直线形，棱角方正。以木做胎，通体披麻糊布，灰中掺有角质沙屑，在褐黑色漆地上显出黄白色的碎点，疏密均匀，烂若繁星。

此几亦为四面平台座式框架结构，与上例不同，其四腿足直接与上下构件形成框架，用类似粽角榫来形成四面平的结构。腿足、几面边抹采用挖缺做。框架中相当于圈口牙板的位置，按比例分割，挖透长椭圆形鱼门洞，以增加剔透疏朗之感，轻重虚实，恰到好处。

几面底部用朱漆铭“王国琛制”。王国琛，扬州制漆名匠，生卒年代不详，其活动主要在乾隆时期，以善制“周嵌”与卢映之等齐名。清钱泳《履园丛话》：“周嵌之法，惟扬州有之……乾隆中有王国琛、卢映之之辈，精于此技。”

此几2005年前后由苏州行家购自扬州地区，它的发现为维扬台座式家具的制作增添了令人信服的新证，可谓快事。

北京私人藏。

## 67. 卢葵生款黑漆六方形高束腰小几

长 22.6 厘米
宽 19.9 厘米
高 22.4 厘米

此几模仿大型六方香几造型，小中见大，造型有金石味，属当时审美风气。

木胎披布挂灰，髹黑漆，表层角质沙屑如漫天细雪。通体不设一线，曲直有度，顿挫自如。

六方形厚面，线脚平直。束腰镂出狭长的透光，予人空灵轻巧的感觉。壶门牙板用料较厚，向外膨出。三弯腿自膨牙往下一段歧出云勾式花牙，挖缺做，与壶门曲线自然相接，往下向内收敛后，内侧翻花牙，再顺势向下延伸一段至足端，呈直角折回翻出，并与下部六方形托泥转角相合，形成剑脊棱。托泥底部设扇形圭脚，分两层递减。

几底内髹黑漆，居中钤“卢葵生制”朱印，笔势苍劲，线条匀称，与诸多卢葵生制漆沙砚中所见的印文相符。

卢葵生（1779～1850年），名栋，世业漆工，名匠卢映之之孙。卢葵生尤以仿制宋宣和漆沙砚著名，其名望甚至超过了卢映之。清叶名沣《桥西杂记》：“漆沙砚以扬州卢葵生家所制最精……制造既良，雕刻山水花鸟金石之文，悉臻妍巧。”《萝窗小牍》：“卢栋，扬州人，善髹漆……其用朱漆者尤精，上刻折枝花卉或鸟兽虫鱼，皆非寻常画工所及。”卢葵生的髹漆技艺，成就是多方面的，如雕填、镶嵌、彩绘漆器或造像等，器具常见都承盘、案上几等，皆精绝隽逸之作。

此几2019年4月经日本拍卖售出，几面有圆圈状印痕，似乎长期作为盆几使用，故拍卖图录中以“花台”为名，从制式和力学角度看，用以置放香具更为适宜。

笔者藏。

# 68. 卢葵生款黑漆菱花形高束腰小几

长　32.2 厘米
宽　32.2 厘米
高　22 厘米

菱花形是流行于我国唐代的造型，通常见于铜镜、金银器的造型，至宋时多用于瓷器、素髹漆器、玉器等，元明之际又逐步过渡到几类家具的面板，且更加细腻精致，明清时又延续至硬木家具的装饰中，如架子床门围子的攒花装饰。此几的制作年代为清中期之后，但仍保留了明式遗韵。

木胎，髹黑漆，几面呈菱花形，沿边带拦水线。高束腰，束腰随几面轮廓起伏。束腰下设托腮，分两层，逐步过渡至牙板。牙板呈波折形，意在模拟锦袱下垂之状。腿足为三弯式，上用插肩榫结构与牙板连接，中间踩凹沟，两旁隆起成混面。足底端设一圈菱花形托泥，与上部呼应，托泥底部带云脚。

面底居中有朱漆“卢葵生制”篆字印，此款与扬州博物馆藏朱漆小方几面底方印大体一致。

北京私人藏。

# 69. 柞榛木有束腰带托泥小方几

| 长 | 9.9 | 厘米 |
| --- | --- | --- |
| 宽 | 9.9 | 厘米 |
| 高 | 4.6 | 厘米 |

此几掌心大小，与南通地区矮桌形制类似，小中见大。其功能与承托器物的器座略有不同，既可独立案头欣赏，又可随意承托器物，诸如文玩、盆景、造像等。

一木整挖而成，造型古雅，甚为可爱。几面转角倒圆，起冰盘沿线。束腰打洼。鼓腿膨牙，兜转有力。牙板为洼膛肚轮廓。大挖马蹄，足端向两侧歧出牙脚，类似古代台座式家具中的“局腿”，足下设托泥。牙板和腿足沿边起灯草线。

此器2017年出自南通，蒙苏州同道孟君割爱相赠，欢欣数日。

笔者藏。

# 70. 柞榛木小卷几

长 41 厘米
宽 22.5 厘米
高 8.2 厘米

卷几尺寸低矮，造型极简，无任何雕饰，属“案上几”类，最宜置放香具、盆景。

选材精良，用三块板料制成，两卷足系一木所开，纹理对称。几面不惜用材，以大料镂挖出两端的圆弧，用暗燕尾榫与卷足连接，内缘形成大圆弧。卷足的足端向内翻转，成卷曲之势，略具“书卷”之意。通体无棱角，气质沉穆。

上海私人藏。

## 71. 黄花梨仿天然木小几

面径 35.5 厘米
高 6 厘米

几面随形，略如卷曲的荷叶，纹理精妙绚烂。底部疤节突出，用高出的五个瘿节为足，错落有致，宛若天成。

纵观此几上下的纹理，应取材于树木歧出的根节部位，制者依据自然形态稍加雕琢，颇具天然意趣。此几底部的疙瘩造型，多见于黄花梨仿天然木笔筒，而制成案上几样式，目前未见他例。

2013年出于盐城市大丰地区。

上海私人藏。

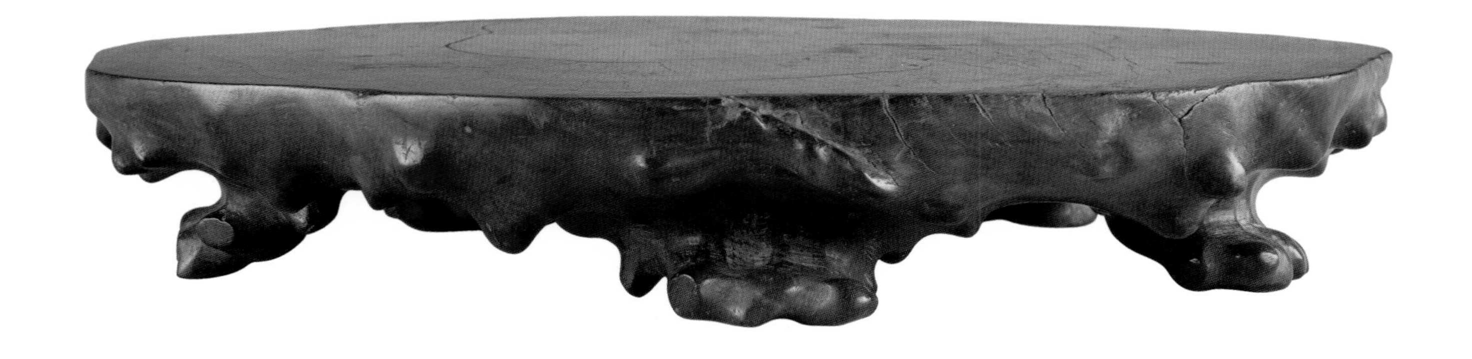

# 72. 黄花梨花盆架

长　19 厘米
宽　19 厘米
高　19 厘米

浙江余姚河姆渡出土的新石器时期陶片中，已出现绘有盆栽植物的图案，可见我国在新石器时代就有了草木盆栽的技术。又从河北望都东汉墓壁画中发现，汉代已出现植物、盆钵、几架三位一体的呈现方式。明清时期，我国的盆栽、盆景艺术蔚然成风，有关盆景审美的专著也相继问世，同时对配置的承具提出了更高的要求，正如明屠隆《考槃余事》中写道："盆景以几案可置者为佳，其次则列之庭榭中物也。"扬州地区自不例外，李斗《扬州画舫录》记载了数处园林中的盆景，亦可见当时"家家有花园，户户养盆景"的盛景。

此属套入式花盆架，不仅可作为花盆的装饰，而且便于调节盆栽的高度，从而增加花盆底部的透气性，有利于植物根茎的生长。

架面攒边，边抹起冰盘沿线，这种线脚在高束腰家具中运用较多。喷面较大，四足内缩，上舒下敛，外侧打洼，内侧挖缺做，与上部框架内角平齐，便于方斗形花盆套入。

上下腿足一木连做，管脚枨与腿足格角相交，外观似把腿足分成两截，此种手法也较多出现于苏北地区所制柞榛木茶几、花几的底部。腿足挖马蹄，足底牙板为区别上部结构，采用齐肩膀与腿足相交。

2015年前后出自泰兴地区。

河北沧州私人藏。

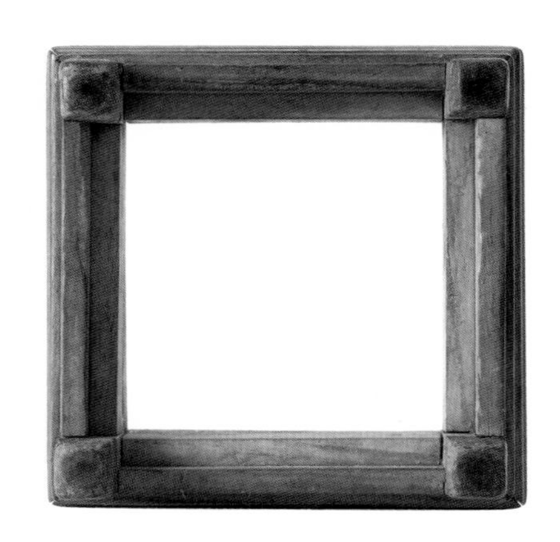

# 73. 黄花梨六方形瓶座

直径　30 厘米
高　13.5 厘米

魏晋时，我国就将花瓶作为礼佛之用，宋时更加兴盛，成为士人燕闲清赏生活的组成部分，与之相伴，瓶座也开始使用，多见于南宋绘画，如传苏汉臣《靓妆仕女图》、传马公显《药山李翱问答图》、佚名《胆瓶秋卉图》等。宋李龏《山庵》："花梨架子定花瓶，一朵红梅对忏灯。贾岛佛前修夜课，卧冰庵主是诗僧。"其中的"花梨架子"，很可能就是我们所熟知的瓶座。明清时，尚古之风日盛，瓶座在绘画中多有体现。

瓶座是容纳较高立件器物的，除了托底外还可架住瓶的下腹部，以增加其稳定性，起到保护作用，同时，器之威仪也得到烘托。

此座用六段外直内圆的短材攒成六方形边框，里口沿边起灯草线，向下造成斜坡，便于上舒下敛形器物的容纳。腿足上端用格角榫与边框相交，正面采用近似粽角榫做成四面平效果。座面边框与牙板一木连做，各个构件用料厚硕，其意也是为了增加自身的重量。

腿足大挖马蹄，兜转有力。框架与腿足沿边起灯草线。足端下用六段扁窄木条攒成六方形托泥，上部踩出委角线，下部挖出圭脚。

此座2014年由河北行家得自日本，它与苏北常见同款虽大小有别、材质不同，但风格手法大致相符。据《福建通史》载，乾隆二十六年（1761年）以后，在清廷支持下，主要由江淮盐商控制了中日贸易，此瓶座大略作为贸易商品远渡日本。

河北私人藏。

宋　佚名《胆瓶秋卉图》中的瓶座
故宫博物院藏

## 74. 黄花梨折叠式帖架

长 35.4 厘米
宽 33 厘米
高 30 厘米

此架可视为折叠式帖架的基本样式，似吸收古代家具“养和”的结构特点。分上下两个部分组成。

上部用倒成混面的横竖材攒成，内分为三层，形成九格。罗锅式搭脑，两端出头，雕成变体灵芝头。框底横材中部凸出月牙形托子，两端出圆榫作为转轴使用。

下部用薄厚不一的横竖材组成“目”字形框架，前端内侧为对应上部转轴的窠臼；后端用扁方材，两端剔为转轴，上植立木，形成一个活动支架。相邻转轴处用铜包裹，保护轴头不易断裂。

2010年前后出自南通地区。

江苏南通私人藏。

# 75. 柞榛木折叠式帽架

底径 22.5 厘米
高 24 厘米

取柞榛木薄板透雕螭龙三条，呈“S”形，扁平状，形若汉代玉龙佩，有升腾之势。内为龙腹，外为龙脊，尾翼为架足，吻部与前爪向前伸，与立柱衔接。用两只圆形帽，居中凿方眼固定中梃，使之不能转动，两旁凿上下各两个臼窝，相应的两立柱出轴，纳入臼窝，旋转自如，便于折叠携带。

折叠式帽架造型、装饰各异，材料品类较丰富，如漆嵌螺钿、铜鎏金、画珐琅、象牙、斑竹等，极尽秾华。承器如此精美，也说明象征身份和社会地位的帽子在当时受何等重视。

2000年前后出自南通地区。

邹静之先生藏。

## 76. 黄花梨笔筒

口径 16.8 厘米
高 15.4 厘米

笔筒出现的时代较晚，在唐宋时仅有诗筒的记载。白居易《醉封诗筒寄微之》中有“为向两州邮吏道，莫辞来去递诗筒”句，古人将诗笺装入竹筒寄给友人，所用的竹筒就是诗筒。受诗筒的启发，后人遂截竹筒用来插笔，开始流行。明人屠隆认为笔筒“湘竹为之，以紫檀、乌木棱口镶坐为雅，余不入品”。明文震亨《长物志》认为笔筒以“湘竹、栟榈者佳，毛竹以古铜镶者为雅，紫檀、乌木、花梨亦间可用”。说明竹制笔筒出现在前，木制笔筒相继出现。

此笔筒口唇微侈，隐起出一道碗口线，筒身束腰。选材为接近树根处，故纹理错落有致，如同以笔勾勒出群山逶迤之象。

底外撇，同样饰一道碗口线，转角处压委角线。底足为圈足，沿内踩口镶入一块横截材的圆底。

镶底比整挖底更易加工，既可节省材料，也能避免因材料中空形成的缺陷，还可控制横竖材之间的涨缩，是一种科学合理的做法。

2017年出自苏北泰兴地区。

北京私人藏。

## 77. 柞桑木海棠式笔筒

| | | |
|---|---|---|
| 长 | 7 | 厘米 |
| 宽 | 5.3 | 厘米 |
| 高 | 12 | 厘米 |

此筒属异形笔筒，故不能旋制，是采用镂挖方式制成。

口沿截面打洼起皮条线，器身凹进四条直线形成海棠式造型，又似劈料做法，增强了器身立体感。圈足，底端留四个小足，造型稳重。

2018年购自香港。

笔者藏。

## 78. 柞桑木椭圆香盘

| 长 | 20 | 厘米 |
|---|---|---|
| 宽 | 16 | 厘米 |
| 高 | 1.8 | 厘米 |

香盘，又称香台，为焚香所用的扁平承盘，一般用来置放香炉、香瓶、香盒等香具，通常以木、漆、瓷、竹、玉或金属等材质制成。

盘用柞桑木挖成，椭圆形，敞口，浅腹，斜壁，平底，底部挖暗圈足。

此器模拟西汉时期漆器造型，器身光素，显现自然木纹，朴雅宜人。

上海私人藏。

# 79. 柞榛木箸瓶

| 高 | 9.5 厘米 |
| --- | --- |
| 足径 | 3.5 厘米 |

箸瓶，亦称香瓶或铲瓶，是香道具“炉瓶三事”之一，为承放香铲、香箸之用，是焚香必备之物。

我国旋木工艺历史悠久，从河南罗山天湖商墓出土的一件车旋木胎碗可知，至少在商代就已出现，当时是以青铜刀具车旋木胎的工艺。战国时期，由于淬火铁制工具的发明和应用，大大提高了旋木工艺的质量和产量，但旋木工艺长期处于为木胎漆器加工服务的从属地位。直至明清，随着硬木加工工艺的提高和发展，逐渐成为一门独立的工艺门类。

此香瓶用柞榛木旋成，唇口外撇，长径，折肩，底部旋出圆足。其造型借鉴瓷器中的纸槌瓶，与同类象牙、紫檀、黄花梨等制品有异曲同工之妙。

北京私人藏。

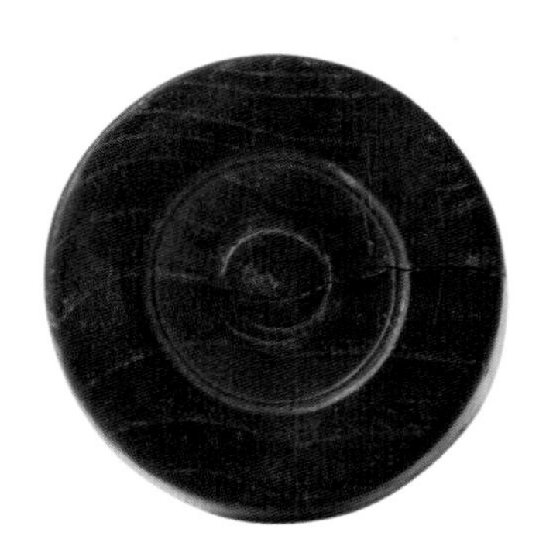

# 80. 柞榛木净瓶式箸瓶

高　12.2 厘米
腹径　5 厘米

瓶用柞榛木旋成，吸收佛教用净瓶的特点。盘口微撇，口沿起一道打洼皮条线，细长径，向下斜收，上饰两道凸弦纹如竹节，广肩，鼓腹，下部内收，接二层高台座状足。台座上层束腰呈喇叭状，下部膨出弧面，凸弦纹收底。瓶底挖圆足。

造型饱满别致，腹部一侧留有少许白皮，制者不避瑕疵，化腐朽为神奇，反而使整器有了灵动的色彩变化，弥觉可爱。

上海私人藏。

## 81. 柞榛木圆香盒

径 7.5 厘米
高 4 厘米

香盒，古代一般写作“香合”，又称香管、香函、香箱等。从树脂香料及合众香制成的香饼、香丸时代开始，香盒就成为香事中的必备之具。西汉南越王墓出土的红漆香盒，是目前已知最早的香盒实物。其后香盒的使用逐渐普及，但仍以漆盒为主。唐宋时期，香道蔚然成风，香具的使用进入一个鼎盛时期，完全融入了人们的日常生活，香盒的材质、品类亦愈加丰富，有金、银、瓷、玉、石、漆等，形态各异。元明清时期，香具得到了持续稳步的发展，开始流行香炉、箸瓶、香盒等搭配在一起的组合，称“炉瓶三事”，香盒的材质有竹、木、玉、锡、铜、象牙、珐琅等，成为文人书斋陈设的常备小品。

小型香盒，上下系一木所旋，纹理对称。与下例不同的是，此盒以树木纵向取材，故在盒盖及盒底显现出弦切而成的优美木纹。相比横向取材，这种做法可以避免空蚀的木心，紫檀亦多如此选材。

盒呈扁圆状，以子母口扣合，相扣处外壁上下饰宽带状的凸弦线，口沿处再起一道灯草线来增加子口厚度。其原因除了造型考量外，更便于旋削加工时，卡夹部位不易损伤，也使内沿上下不规则的圆周拧合的更加坚实。

盖为盝顶式，隆起的弧面至顶部凸起呈平面，面内底对应处落膛成凸面。

盒身子口向内折沿，沿口处旋出一道打洼皮条线。弧壁，至底内收，再外撇成喇叭状的圈足，对应的内底也踩出凹面。可谓环环相扣，格外耐看。

上海私人藏。

# 82. 黄花梨圆香盒

径　14.3 厘米
高　7 厘米

此盒为香盒中较大的一种，盖、身为一木所旋，选材考究，采用密度较高的深褐色黄花梨心材，即《崖州志》中所称的“油格”，截面纹理如水波涟漪。

盒呈扁圆状，上下子母扣合，结合严密。相扣处外壁上下均起一道宽阔的凸弦线，意在加厚子口。

盖外壁素直，顶部沿边起阳线，向内逐渐隆起，至圆心处再做成凹脐，曲面造型极富张力。

盒体弧腹，上舒下敛，子口处向内折沿，上旋成一道打洼皮条线，使内贮香料不易溢散。外壁至底设压边线，盒底为玉璧形圈足。

整器形态饱满，工艺精良，见之使人欢喜赞叹。

山东私人藏。

# 83. 柞榛木圆盖盒

径　28 厘米
高　10 厘米

盖盒呈扁圆体，上下一木旋出，纹理对称，通体光素无纹，突显柞榛木的天然纹理。器、盖可分开作两盘使用，承置瓜果、香橼等尤佳。

盖边缘起一道弦线，再缓缓隆起，至盖面倒出凹弧面再隆起，一波三折，到圆心处做成喇叭形盖纽，略似盖碗的做法。

盒身撇口，折沿，浅腹，玉璧形圈足并打洼。

2018年购自上海。

笔者藏。

# 84. 黄花梨镶石围棋盒（一对）

径　11.5 厘米
高　7.8 厘米

围棋是我国传统游艺之一，古称“弈”，起源于西周，春秋战国时期发展成熟，与之相配套的棋子盒，早期称之为“棋笥”，以竹篾、藤皮、荆条等制作，或髹漆，或素面。中古时期，出现了陶瓷棋盒，如陕西出土的北宋耀州窑青釉刻牡丹纹围棋子盒。明清时，由于围棋的进一步普及，棋盒的品种也愈加丰富，材质有竹、木、藤、瓷、石、紫砂、漆等，形制有方、圆、瓜棱等。

棋盒为一木所旋，上下子母口扣合，纹理对应。

盒盖帽沿作双圆棱，较似斜面的打洼皮条线，盖面隆起再剔出凹槽，镶嵌绿纹石，画面有山积波委、浮云蔽日之感。盒身如钵，上舒下敛，圆鼓饱满，上沿外缘起一圈灯草线。平底，沿足圈起一道打洼皮条线。

此棋盒木石相间，质地光素，保留了天然纹理，光泽莹润，简洁雅致。

笔者藏。

# 图版索引

1
黄花梨有束腰十字罗锅枨四足圆凳

2
榉木有束腰旋涡枨五足圆凳

3
柞榛木有束腰三弯腿六方凳

4
柞榛木无束腰直枨方凳

5
黄花梨四面平罗锅枨马蹄足长方凳

6
柞榛木小交杌

7
黄花梨灯挂椅

8
柞榛木灯挂椅

9
柞榛木灯挂椅

10
柞榛木灯挂椅

11
黄花梨灯挂椅

12
硬木方材玫瑰椅

13
黄花梨玫瑰椅

14
柞榛木不出头圈椅（一对）

15
黄花梨不出头圈椅

16
黄花梨南官帽（一对）

17
柞榛木南官帽椅

18
黄花梨八棱材南官帽椅（残）

19
柞榛木南官帽椅

20
柞榛木四出头官帽椅（一对）

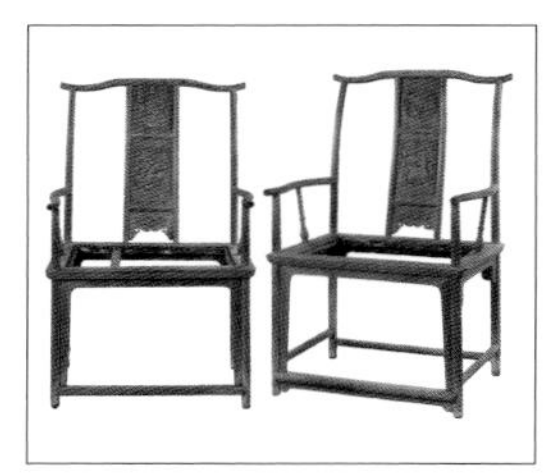

21
黄花梨攒靠背四出头官帽椅（一对）

22
柞榛木一统碑式小交椅

23
黄花梨活靠背躺椅

24
柞榛木活靠背躺椅

25
黄花梨无束腰方桌

26
黄花梨无束腰裹腿枨方桌

27
黄花梨有束腰展腿式折叠方桌

28
黄花梨无束腰罗锅枨翘头桌

29
柏木无束腰马蹄足霸王枨条桌

30
黄花梨镶楠木瘿有束腰带托泥长方香桌

31
黄花梨镶楠木瘿夹头榫平头案

32
黄花梨夹头榫平头案

33
黄花梨夹头榫平头案

34
黄花梨夹头榫带抽屉平头案

35
黄花梨独板面夹头榫翘头案

36
榉木独板面夹头榫翘头案

37
黄花梨独板面夹头榫带托泥翘头案

38
榉木独板面夹头榫带托泥翘头案

39
榉木插肩榫平头案

40
榉木独板面插肩榫翘头案

41
天然木矮几

42
天然木黑漆撒螺钿面矮几

43
柞榛木三层架格

44
黄杨木三层架格

45
黄花梨镶楠木三抹门圆角柜

46
榉木透格门圆角柜

47
黄花梨高束腰马蹄足榻

48
黄花梨独板围子有束腰罗汉床

49
黄花梨镶大理石有束腰五屏罗汉床

50
榉木镶楠木瘿四柱架子床

51
黄花梨六柱架子床

52
柏木六柱架子床床座

53
黄花梨六柱架子床

54
黄花梨镶石座屏

55
黑漆镶石座屏

56
黑漆镶石座屏

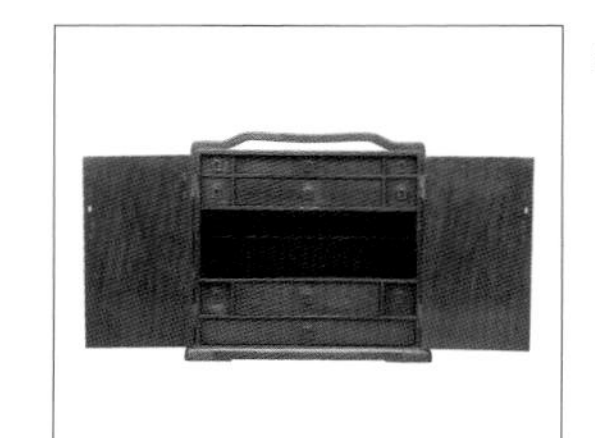
57
黄花梨、柞榛木带提梁文具箱

58
黄花梨盝顶官皮箱

59
柞榛木马蹄足带滚轴脚踏

60
榉木夹头榫板足小翘头案

61
黄花梨夹头榫小翘头案

62
黄花梨夹头榫小翘头案

63
黑漆台座式小几

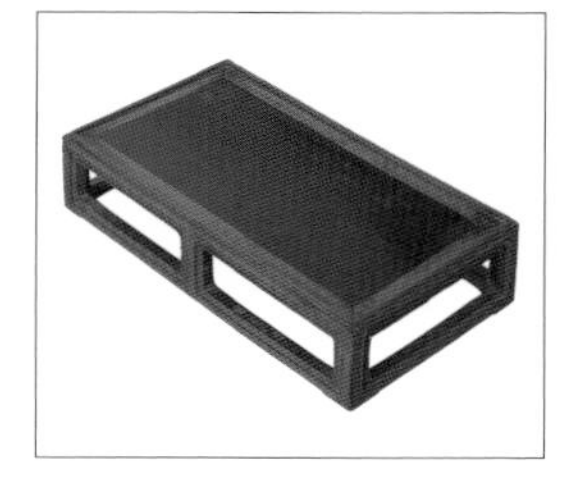
64
黄杨木镶紫檀台座式小几

65
卢映之款黑漆台座式小几

66
王国琛款黑漆台座式小几

67
卢葵生款黑漆六方形高束腰小几

68
卢葵生款黑漆菱花形高束腰小几

69
柞榛木有束腰带托泥小方几

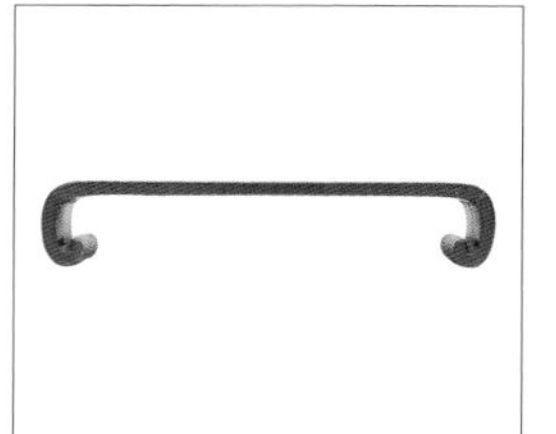
70
柞榛木小卷几

71
黄花梨仿天然木小几

72
黄花梨花盆架

73

黄花梨六方形瓶座

74

黄花梨折叠式帖架

75

柞榛木折叠式帽架

76

黄花梨笔筒

77

柞桑木海棠式笔筒

78

柞桑木椭圆香盘

79

柞榛木箸瓶

80

柞榛木净瓶式箸瓶

81

柞榛木圆香盒

82

黄花梨圆香盒

83

柞榛木圆盖盒

84

黄花梨镶石围棋盒

（一对）

图书在版编目（CIP）数据

维扬明式家具 ： 续编 / 张金华编著. -- 北京 ： 故宫出版社, 2020.9
ISBN 978-7-5134-1347-3

Ⅰ. ①维… Ⅱ. ①张… Ⅲ. ①家具－研究－中国－明代 Ⅳ. ①TS666.204.8

中国版本图书馆CIP数据核字(2020)第169493号

**维扬明式家具·续编**

编　　著：张金华
摄　　影：山外摄影
制　　图：谢　京　陈　风
责任编辑：张志辉
责任印制：常晓辉　顾从辉
装帧设计：李　猛
出版发行：故宫出版社
地址：北京市东城区景山前街4号　邮编：100009
电话：010-85007808　010-85007816　传真：010-65129479
邮箱：ggcb@culturefc.cn
印　　刷：北京雅昌艺术印刷有限公司
开　　本：787毫米×1092毫米　1/8
印　　张：38
版　　次：2020年9月第1版
2020年9月第1次印刷
印　　数：1～2500册
书　　号：ISBN 978-7-5134-1347-3
定　　价：560.00元